电力电缆脉冲
X射线数字成像检测

● 周静波　王达达　于　虹　编著

哈尔滨工业大学出版社
HITP　HARBIN INSTITUTE OF TECHNOLOGY PRESS

内 容 简 介

本书共 9 章,内容包括 X 射线检测的理论基础,X 射线成像检测设备与系统,X 射线图像质量的影响因素,脉冲 X 射线数字成像技术研究,导线、金具及高压电缆 X 射线检测工艺研究,导线和高压电缆的脉冲 X 射线检测研究,架空导线的 X 射线高空检测装置研究,线缆典型缺陷特征图像自动识别技术研究,脉冲 X 射线数字成像技术的应用。

本书系统地介绍了输变电设备成像过程中的脉冲 X 射线成像原理、线缆压接质量、架空导线检测及线缆的自动识别等内容,为电力设备中的输变电线缆及压接导线提供了有效的检测方法,为推进我国电力系统输变电装备应用研究的发展起到了重要的作用。本书可供 X 射线检测人员、科研人员阅读,也可供高等院校相关专业师生学习。

图书在版编目(CIP)数据

电力电缆脉冲 X 射线数字成像检测/周静波,王达达,于虹编著. —哈尔滨:哈尔滨工业大学出版社,2024.4
ISBN 978 - 7 - 5767 - 0834 9

Ⅰ.①电…　Ⅱ.①周…②王…③于…　Ⅲ.①电力电缆 - X 射线 - 扫描成象 - 故障检测　Ⅳ.①TM755

中国国家版本馆 CIP 数据核字(2023)第 100725 号

策划编辑　杜　燕
责任编辑　王会丽
出版发行　哈尔滨工业大学出版社
社　　址　哈尔滨市南岗区复华四道街 10 号　邮编 150006
传　　真　0451 - 86414749
网　　址　http://hitpress. hit. edu. cn
印　　刷　哈尔滨市颉升高印刷有限公司
开　　本　787 mm×960 mm　1/16　印张 12　字数 282 千字
版　　次　2024 年 4 月第 1 版　2024 年 4 月第 1 次印刷
书　　号　ISBN 978 - 7 - 5767 - 0834 - 9
定　　价　68.00 元

编 委 会

前 言

当前,X 射线成像系统已迅速发展成为一个专门的技术领域。X 射线数字成像技术作为目前正在进行研究的应用于电力系统的最新技术,已被证明是一种电力设备检测的行之有效的技术,由于其检测具有直观、方便、快捷的特点,因此对电力设备的检测结果更准确,检测效率更高。目前对 X 射线数字成像技术在电力设备上的研究主要集中在变电站内设备,如气体绝缘开关设备 GIS、罐式断路器、避雷器等,考虑到 X 射线数字成像技术的特点,因此将该技术引入到对电力金具及导线检测方面的应用研究。

将 X 射线数字成像技术应用于电力金具及导线检测,可在传统检测方法的基础上,提供一种直观、便捷的检测方法,对电力金具及导线的材料缺陷、装配缺陷及事故后的烧蚀、断股、开裂等缺陷进行更为详细的检测。再结合传统检测手段,可更准确地对金属、导线的质量进行判断,得出更准确的分析结果,为电力金具及导线的检测及失效原因分析提供更为可靠的保障。

本书的主要目的在于介绍信息技术的基本知识及在线缆检测中的应用和实例,使读者能够:

(1)对成像技术和理论及相关的数学工具在电力科学实验和实践中保持高度的敏感;

(2)在理论指导下,理性而非盲目地运用现有科学技术工具,解决一些工业领域的问题;

(3)建立和工程技术人员的共同语言,为开展多学科合作,进一步拓展信息技术在工业领域的应用奠定基础。

正是基于这一目的和定位,本书在编写原则上保持了相关技术本身应有的系统性和理论性,更着重地体现在电力检测应用中的使用性和针对性上。对 GIS、HGIS、合闸电阻、导线、金具等设备故障的检测主要运用电流电压试验、噪声振动分析、开盖检测等方法。但这些方法不但费时费力,而且有些不能及时地在设备缺陷发展的初期被发现,对设备的故障诊断不够直观准确。因而,对投入运行前和运行中的电力设备内部绝缘状况、缺陷等情况采取有效、可靠的检测与诊断,尽早地将缺陷消除,保证设备安全、稳定的运行是至关重要的。

本书将系统地介绍输变电设备成像过程中的脉冲 X 射线成像原理、线缆压接质量、架空导线检测以及线缆的自动识别等内容,为电力设备中输变电线缆、压接导线提供有效的检测方法,推进我国电力系统输变电装备应用研究抢占国际相关领域制高点起到重要作用。

本书编写分工如下：

周静波完成第 1 章，王达达完成第 2 章，于虹完成第 3 章，刘荣海完成第 4 章，杨迎春完成第 5 章，吴章勤完成第 6 章，王进完成第 7 章，郑欣完成第 8 章，王闸、代克顺、虞鸿江、杨鹏和孙晋明共同完成第 12 章。

由于作者水平有限，书中难免存在疏漏和不足之处，恳请读者批评指正。

作　者

2024 年 1 月

目　　录

第1章 X射线检测的理论基础

1.1 X射线

相对于传统的 X 射线胶片成像技术而言，X 射线数字成像技术是用射线敏感器件代替胶片直接接受穿透工件后的残余射线，并通过数模转换方法显示图像的技术。

在现场检测中，技术人员首先关心的是如何能够拍出一张质量好的数字图像，便于图像中缺陷位置与性质的判定。在数字化 X 射线摄影（Digital Radiogrophy，DR）检测中，透视系统各参数的选择决定着检测图像质量的好坏。要想得到高质量的图像，提高现场检测的效率，就必须对 DR 检测系统的参数选择进行研究。

1.1.1 X射线的基本概念

X 射线是波长介于紫外线和 γ 射线间的电磁辐射。X 射线是一种波长很短的电磁波，其波长为 $0.01 \sim 100$ Å（1 Å $=0.1$ nm），由德国物理学家伦琴于 1895 年发现，故又称伦琴射线。伦琴射线具有很高的穿透本领，能透过许多对可见光不透明的物质，如墨纸、木料等。这种肉眼看不见的射线可以使很多固体材料发生可见的荧光，使照相底片感光及使空气发生电离等效应。波长小于 0.1 Å 的 X 射线称为超硬 X 射线；波长为 $0.1 \sim 1$ Å 的 X 射线称为硬 X 射线，波长为 $1 \sim 100$ Å 的 X 射线称为软 X 射线。

X 射线具有的物理特性如下。

（1）穿透作用。X 射线波长短、能量大，照在物质上时仅一部分被物质所吸收，大部分经由原子间隙透过，表现出很强的穿透能力。X 射线穿透物质的能力与 X 射线光子的能量有关，X 射线的波长越短，光子的能量越大，穿透力越强。X 射线的穿透力也与物质密度有关，利用差别吸收性质可以把密度不同的物质区分开来。

（2）电离作用。物质受 X 射线照射时，可使核外电子脱离原子轨道产生电离。利用电离电荷的多少可测定 X 射线的照射量，根据这个原理制成了 X 射线测量仪器。在电离作用下，气体能够导电；某些物质可以发生化学反应；在有机体内可以诱发各种生物效应。

（3）荧光作用。X 射线波长很短不可见，但它照射到某些物质（如磷、铂氰化钡、硫化锌镉、钨酸钙等）时，可使物质发生荧光（可见光或紫外线），荧光的强弱与 X 射线能量成正比。这种作用是 X 射线应用于透视的基础，利用荧光作用可制成荧光屏，用作透视时观察 X 射线通过人体组织的影像，也可制成增感屏，用作摄影时增强胶片的感光量。

（4）热作用。物质所吸收的 X 射线大部分能被转变成热能，使物体温度升高。

因为 X 射线具有干涉、衍射、反射、折射作用，所以在 X 射线显微镜、波长测定和物质结构分析中都得到了应用。

X 射线具有的化学特性如下。

（1）感光作用。X 射线与可见光一样能使胶片感光。胶片感光的强弱与 X 射线量成正比，当 X 射线通过人体时，由于人体各组织的密度不同，因此对 X 射线量的吸收不同，胶片上所获得的感光度也不同，从而能获得 X 射线的影像。

（2）着色作用。X 射线长期照射某些物质（如铂氰化钡、铅玻璃、水晶等）时，可使其结晶体脱水而改变颜色。

1.1.2　X 射线的发现与产生

X 射线与无线电波、红外线、可见光、紫外线、γ 射线、宇宙射线一样也是一种电磁波或电磁辐射，具有波动性和粒子性，即波粒二象性，是一种波长介于紫外线和 γ 射线的电磁辐射。X 射线是由 X 射线管产生的，X 射线管是产生 X 射线的主要设备。图 1－1 所示为旋转阳极 X 射线管示意图。

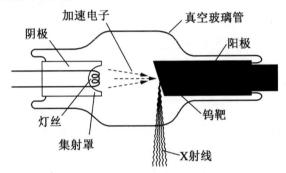

图 1－1　旋转阳极 X 射线管示意图

旋转阳极 X 射线管由阴极、阳极和真空玻璃管等部分组成。阳极由一个带倾斜角的圆盘构成，其四周嵌有环状钨靶，圆盘后壁与转子轴相连，可以旋转。

给阴极的灯丝加一个低电压，灯丝加热后就能发射电子；再给 X 射线管的阳极与阴极间加上高压，自由电子群就会在电场的作用下高速向阳极端靶面撞击。当高速运动的电子突然受阻时，其中的一部分能量转换成了 X 射线。不过，在这个能量转换的过程中，高速运动的电子所失去的动能中只有大约 1% 的能量变成了 X 射线，其他 99% 的能量几乎都变为热能了，旋转阳极就是为了更好地散热而设计的。X 射线的转换效率 η 主要由两个因素决定：阳极材料的原子序数 Z 和自由电子本身的能量，后者与 X 射线管电压有关。转换效率 η 的一般表达式为

$$\eta = 1.4 \times 10^{-9} ZV \tag{1-1}$$

式中，Z 为阳极材料的原子序数，V 为 X 射线管电压。目前，大多数 X 射线管选用钨作为阳极材料。这不仅是因为钨的原子序数大（$Z=74$），可获得较高的转换效率，而且还因为钨的熔点高（3 370 ℃），温升后的蒸发率比较低。另外，钨的导热性能好，这一特性在 X 射线管设计中是很重要的。

X射线辐射只在阳极表面上一块被称为"焦斑"的很小的面积上产生。大多数X射线管的焦斑呈矩形,其直线尺寸一般为0.2~2 mm。焦斑小的管子可产生比较清晰的图像;焦斑大的管子容易造成图像模糊,但其散热性能较好。从X射线管放射的X射线主要包括连续放射线和特征放射线两类。在图1-2给出的X射线谱中,从较短波长到较长波长连续的谱,通常被称为连续线谱,图中λ为波长。而在连续线谱上叠加着的一些突出的尖峰,通常被称为特征线谱。

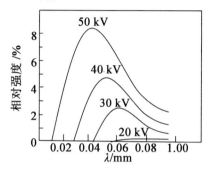

图 1 - 2　X 射线谱

1. 连续放射

X射线管中,阴极电子获得巨大的动能后,以很大的速度撞击阳极靶面。当它经过阳极材料的原子核附近时,受到原子核引力的作用会发生偏转而减慢速度。在这个过程中电子所损失的能量便以X射线光子的形式释放出来,如图1-3所示。

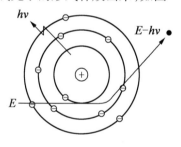

图 1 - 3　连续放射

由于各离速运动的电子所具有的能量不同,与靶原子相互作用后损失的能量也各不相同,因此这种情况下所释放的X射线光子的能量分布是连续的。所释放的光子能量主要取决于X射线管的管电压。电压越高,电子的动能越大,其转换成的X射线波长就越短。图1-2中描述的是阳极靶面为钨,管电压分别为20 kV、30 kV、40 kV、50 kV时X射线相对强度的分布曲线示意图。

2. 特征放射

当具有较大动能的电子撞击阳极靶面时,靶原子的内层轨道电子有可能获得能量而克服核的引力并脱离自己的轨道逸出,使该原子呈不稳定状态。此时,能量较高的电子将会来补充此空位,而其多余的能量则以电磁波的形式放射出来,这就是特征放射,也称标识放射,如图 1-4 所示。图中,电子 1 高速撞击在阳极靶面钨原子 L 层轨道上的电子 2,使 L 层轨道电子逸出,而出现空穴,当 M 层轨道电子 3 来补充时,多余的能量就以 X 射线光子的形式放出,这就是特征放射。显然,特征射线的波长主要与阳极靶面的物质材料有关,并只在一定的高压下才能产生。

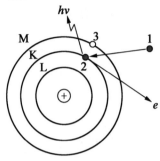

图 1-4　特征放射

X 射线具有的性质如下。

(1)穿透作用。X 射线波长短、能量大,能穿透一般光线不能穿透的物质。利用它来探测人体内部器官是很合适的。

(2)荧光作用。X 射线用肉眼并不能看见,但当它照射某些物质(如磷、钨酸钙等)时却能产生荧光。利用这一性质,人们设计了荧光屏,用来观察 X 射线图像。

(3)电离作用。具有足够能量的 X 射线光子能击脱物质原子轨道上的电子而使之产生电离。气体分子被电离后,其电离电荷很容易被收集,可以根据气体分子电离电荷的多少来测定 X 射线的剂量。许多射线检测器就是根据此原理设计的。

(4)生物效应。一方面,生物细胞在受到 X 射线的电离辐射后有可能造成损伤甚至坏死,这一点在 X 射线检查中要特别注意;但是在另一方面,X 射线的这个效应,可用于放射治疗的方法来破坏肿瘤组织。

1.2　X 射线与物质的相互作用

1.2.1　散射作用

瑞利散射是指入射光子与原子内层轨道电子作用的散射过程。在这个过程中,一个束缚电子吸收入射光子后跃迁到高能级,随即又释放一个能量约等于入射光子能量的散射光子,光子能量的损失可以不计。简单地说,也可以认为这是光子与原子发生的弹性碰撞过程。

瑞利散射发生的可能性与物质的原子序数和入射光子的能量相关,与原子序数的平方近似成正比,并随入射光子能量的增大而急剧减小。在入射光子能量较低(如 0.5 ~ 200 keV)时,必须注意瑞利散射。

图 1-5 概括了光电效应、康普顿散射效应、电子对效应的光子能量与原子序数的关系。

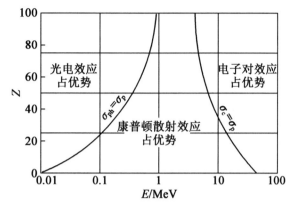

图 1-5　光子能量与原子序数的关系

1.2.2　光电作用

射线在物质中传播时,如果入射光子的能量大于轨道电子与原子核的结合能,入射光子与原子的轨道电子相互作用,把全部能量传递给轨道电子,获得能量的轨道电子克服原子核的束缚成为自由电子,入射光子消失,这种作用过程称为光电效应。在光电效应中,释放的自由电子称为光电子。图 1-6 所示为光电效应示意图。如果入射光子的能量小于轨道电子与原子核的结合能,则不能发生光电效应。光电效应主要发生在入射光子与原子内层轨道电子的相互作用过程中,低能光子与高原子序数物质发生相互作用时,光电效应具有重要意义。

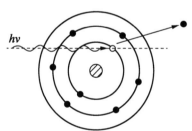

图 1-6　光电效应示意图

光电子发射的方向与入射光子的能量相关,当入射光子的能量较低时,光电子主要分布在与入射光子方向垂直的方向;随着入射光子能量的增大,光电子的发射方向逐渐倾向于入射光子的方向。

当发生光电效应时,在电子层中将产生空位,这将使原子处于不稳定的状态,因此外层电子将向存在空位的电子层跃迁,使原子回到稳定的状态。在跃迁过程中,将产生跃迁辐射,发射特征 X 射线,这种辐射通常称为荧光辐射。伴随发射特征 X 射线(荧光辐射)是光电效应的重要特征。当较高能级的轨道电子填充空位时,可能发生的另一过程是俄歇效应,即较高能级的轨道电子填充空位时所释放的能量,可以激发外层轨道电子,使其成为自由电子,一般称为俄歇电子(内转换电子)。轻元素更容易发生俄歇效应。

光电效应只能发生在入射光子与轨道电子的相互作用中,不能发生在入射光子与物质中自由电子的相互作用过程。发生光电效应的概率与入射光子的能量和物质的原子序数相关,简单地说,光电效应的发生率随着入射光子能量的增大而降低、随着物质原子序数的增大而增大。

1.2.3　康普顿效应

康普顿效应由美国物理学家康普顿首先发现,我国物理学家吴有训在证实这种现象规律性的研究方面做出了重要的贡献。

入射光子与受原子核束缚较小的外层轨道电子或自由电子发生的相互作用称为康普顿效应,也常称为康普顿散射,如图1-7所示。在这种相互作用过程中,入射光子与原子外层轨道电子碰撞之后,它的一部分能量传递给电子,使电子从轨道飞出,这种电子称为反冲电子。同时,入射光子的能量减少,成为散射光子,并偏离了入射光子的传播方向。反冲电子和散射光子的方向都与入射光子的能量相关,随着入射光子能量的增加,反冲电子和散射光子的偏离角都减少。

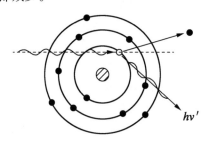

图 1 - 7　康普顿效应

当入射光子的能量很低并与自由电子相互作用时,入射光子的能量将不改变,而仅仅方向改变,这个作用过程是非常次要的相互作用过程。

康普顿效应发生的可能性与入射光子的能量和物质的原子序数相关,原子序数低的元素康普顿效应发生的可能性很高;对中等能量的光子,康普顿效应对各种元素都是主要的作用。

在康普顿效应中,散射线的波长将增长,增加量为

$$\Delta\lambda = 2\lambda_0 \sin\frac{\theta}{2} \qquad\qquad (1-2)$$

式中,θ 为散射角;λ_0 为康普顿波长。对应代入有关的值,得到康普顿波长值为 $\lambda_0 = 0.024\,266\,1 \times 10^{-8}$ cm。

康普顿波长概念已推广到其他粒子,用于描述粒子的波动性。粒子的质量越大,其康普顿波长越小,波动性越不显著。

1.3　X 射线成像的数学原理

1.3.1　X 射线成像原理

X 射线成像本质是利用 X 射线对物体投影所得数据重建图像,X 射线的衰减服从物理衰减定律,即 Lambert – Beer 定律,图 1 – 8 所示为 X 射线衰减模拟图。

假设一束 X 射线源穿过宽度为 ΔL 的物体,入射光线的光子数为 N,穿过物体衰减后剩下的光子数为 ΔN,由物理的衰减定律有

$$\Delta N = -\mu N \Delta l \tag{1-3}$$

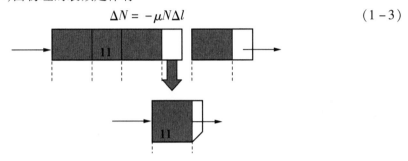

图 1 – 8　X 射线衰减模拟图

计算式(1 – 3)微分方程得

$$\int_{N_0}^{N_1} \frac{\mathrm{d}N}{N} = -\mu \int_0^1 \mathrm{d}l \tag{1-4}$$

解上述方程可得如下关系

$$N_i = N_0 \mathrm{e}^{-\mu l} \tag{1-5}$$

式中,N_0 为总入射光子;N_i 为衰减后的光子数。假设一束 X 射线的入射强度为 l_0,经过物体后探测器检测到的强度为 l_i。设物体材质分布均匀,每个部分的衰减数为 $\mu_1, \mu_2, \mu_3, \cdots$,相应宽度为 $l_1, l_2, l_3, \cdots$,离散求和可近似为 $\mu_1 l_1 + \mu_2 l_2 + \mu_3 l_3 + \cdots = \int \mu(x,y)\mathrm{d}l$,由式(1 – 5)有

$$l_i = l_0 \exp\left[-\int \mu \mathrm{d}l\right] \tag{1-6}$$

上述线性衰减系数 N 的值取决于所属物质及射线中光子的强度。

1.3.2　Radon(拉东)变换

由上节介绍可知,X 射线成像是从物质的衰减系数沿射线所得积分来反演出与物质结构密切相关的衰减函数,其数学理论基础就是著名的 Radon 变换。在介绍 Radon 变换之前,先来看一下投影的定义。

令 $\boldsymbol{x} = [x_1, x_2, \cdots, x_N]^\mathrm{T}$ 为 N 维矢量,$f(\boldsymbol{x}) = f(x_1, \cdots, x_N)$ 为 N 维函数。$\boldsymbol{u} = [u_1,$

$u_2, \cdots, u_N]^T$ 表示新的坐标系。设 $\boldsymbol{x} = \boldsymbol{u}A$，其中 A 为正交变换。则 $f(\boldsymbol{x}) = f(x_1, \cdots, x_N)$ 在超平面 $(u_1, u_2, \cdots, u_N)$ 上的投影定义为

$$
\begin{aligned}
p_{ui}(u_1, u_2, \cdots, u_{i-1}, u_{i+1}, \cdots, u_N) &= \int_{-\infty}^{+\infty} f(x_1, x_2, \cdots, x_{i-1}, x_i, x_{i+1}, \cdots, x_N) \mathrm{d}u_i \\
&= \int_{-\infty}^{+\infty} f(\boldsymbol{u}A) \mathrm{d}u_i
\end{aligned} \tag{1-7}
$$

垂直于超平面的坐标轴 u_i，称为投影轴。

物体断层图像密度函数用 $f(x, y)$ 表示，Radon 变换是利用投影数学原理得到射线扫描 $f(x, y)$ 的投影数据，具体定义如下。

定义 1.1　设图像函数为 $f(x, y)$，则

$$
Rf(s, \theta) = \int_L f(x, y) \mathrm{d}L \tag{1-8}
$$

对于所有的 s 和 θ 是已知的，且

$$
L: s = x\cos\theta + y\sin\theta \tag{1-9}
$$

式中，s 表示坐标原点到射线 L 的距离；θ 表示射线 L 的法线方向与 x 正轴的夹角。称 $Rf(s, \theta)$（$Rf(s, \theta) = g_\theta(s)$）是 $f(x, y)$ 的 Radon 变换，如图 1-9 所示。

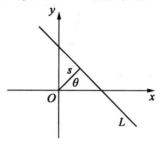

图 1-9　Radon 变换

做坐标变换，将 xOy 绕 O 旋转 θ 角度得 sOt 坐标，此时直线 L 的参数方程可以写为

$$
\begin{cases} x = s\cos\theta - t\sin\theta \\ y = s\sin\theta + t\cos\theta \end{cases} \tag{1-10}
$$

由 $f(x, y)$ 计算 Radon 变换可写为

$$
Rf(s, \theta) = \int_{-\infty}^{+\infty} f(s\cos\theta - t\sin\theta, s\sin\theta + t\cos\theta) \mathrm{d}t \tag{1-11}
$$

为便于计算，Radon 变换可借助狄拉克 δ 函数表达。狄拉克 δ 函数定义为

$$
\int_{-\infty}^{+\infty} \delta(x) \mathrm{d}x = 1 \tag{1-12}
$$

狄拉克 δ 函数的挑选性是指，若 $f(x, y)$ 是定义在区间 R 的任一连续函数，则

$$
\int_{-\infty}^{+\infty} f(x) \delta(x - x_0) \mathrm{d}x = f(x_0) \tag{1-13}
$$

将 $\delta(x - x_0)$ 乘 $f(x)$ 后进行积分，把 $f(x)$ 在 $x = x_0$ 的值挑选出来。借助式(1-13)由 $f(x, y)$ 计算，Radon 变换可写为

$$
Rf(s, \theta) = \iint f(x, y) \delta(s - x\cos\theta - y\sin\theta) \mathrm{d}x\mathrm{d}y \tag{1-14}
$$

1.4　X 射线检测

1.4.1　X 射线检测原理

由于电子对效应和瑞利散射的相互作用,因此在出射的射线中包含透射的一次射线、散射线(康普顿散射线、瑞利散射线、荧光辐射等)和各种电子(光电子、反冲电子、俄歇电子)。

1. 射线检测原理

射线检测是利用射线可穿透物质的性质和在物质中有衰减的特性来发现缺陷的一种无损检测方法。射线检测中应用的射线主要是 X 射线和 γ 射线,它们都是波长很短的电磁波,其中 X 射线波长为 0.001～0.1 nm,γ 射线波长为 0.000 3～0.1 nm。

射线照相成像技术是指,用射线穿透工件并以胶片记录信息的无损检测方法,该方法是最基本的,也是目前在国内外射线检测中应用最为广泛的一种射线检测方法。

射线照相成像技术是根据被检测工件射线能量衰减程度与其内部缺陷射线能量衰减程度不同,而引起射线透过工件后强度不同的特点,将缺陷在射线底片上显示出来。射线照相成像技术示意图如图 1 - 10 所示。

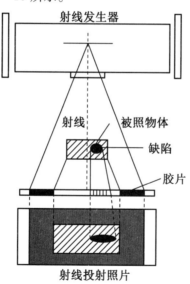

图 1 - 10　射线照相成像技术示意图

从图 1 - 10 中可知,射线发生器发射出的射线透过工件时,由于缺陷内部介质(如空气、非金属夹杂等)对射线的吸收能力比完好部位对射线的吸收能力要低得多,因而透过缺陷部位的射线强度高于透过完好部位的射线强度。把胶片放在工件的适当位置,使透过工件的射线将胶片感光。在感光胶片上,缺陷部位将接受较强的射线曝光,完好部位将接受较弱的射线曝光;再经暗室处理后,得到底片;然后把底片放在观光灯上可以观察到缺陷部位黑度比完好部位黑度大。射线照相法容易检测出体积类缺陷(如气孔和夹渣等),可用于几乎所有材料的检测。

射线实时成像检测技术是工业射线检测中很有发展前途的一种新技术,与传统的射线照相成像技术相比具有实时、高效、不用射线胶片、可记录和劳动条件好等显著优点。由于它采用 X 射线源,因此常称为 X 射线实时成像检验。国内外主要将它用于钢管、压力容器壳体焊缝检验,微电子器件和集成电路检查,食品包装夹杂物检查及海关安全检查等。

2. X 射线检测

X 射线检测是指对投射过的样品前后 X 射线强度变化情况的检测,其原理是由 X 射线管产生 X 射线,并透射工件产生影像。X 射线管由阴极和真空玻璃外壳组成,阴极通以电流加热灯丝至白炽状态,将释放出大量的电子。由于阴极和阳极之间加以很高的电压,因此这些电子在高压电场中被加速,从阴极飞向阳极,最终高速撞击在阳极上。此时电子能量的绝大部分转化为热能,其余极少部分的能量以 X 射线的形式辐射出来。X 射线的产生示意图如图 1 – 11 所示。

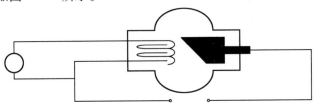

图 1 – 11　X 射线的产生示意图

X 射线的能量(光子能量)与管电压有关。管电压越高,电子飞向阴极的速度越大,产生的射线能量也就越大。射线能量决定了射线穿透工件厚度的能力,射线的能量越大,其穿透能力越大。检测时,根据被检测工件的透照度来正确选择射线能量有着重要意义。

X 射线的强度与管电流、管电压的平方和靶材原子序数三者之间的乘积成正比。射线检测时,既需要射线具有一定的能量以保证其穿透力,同时还需要射线具有一定的强度,使胶片感光。X 射线的能量和强度可通过改变管电压和管电流的大小来进行调节。

X 射线光子能量 E 和波长 λ 的关系式为

$$E = h \cdot \nu = h \frac{c}{\lambda} \qquad (1 - 15)$$

式中,E 为光子能量;h 为普朗克常数,$h = 6.626 \times 10^{-34}$ J·s;ν 为辐射频率;λ 为辐射波长;c 为光速,$c = 3 \times 10^{8}$ m/s。

X 射线是一种肉眼看不到的射线,与物质相互作用后,其光子将与物质发生复杂的相互作用(如光电效应、康普顿效应等)。也就是说,入射光子的能量,一部分会保留在透射一次射线中,一部分会转移到能量或方向已经改变的光子中,还有一部分转会移到与之相互作用的电子中(这一过程称为散射)。转移到电子的这一部分能量,由于电子与物质相互作用而有相当一部分损失在物体之内(这一过程称为吸收)。入射到物体的射线,由于一部分能量被吸收,一部分能量被散射而受到减弱,因此其强度发生衰减。实验表明,X射线穿透物体时其强度的衰减与吸收体的性质、厚度及射线光子的能量有关,且满足一定的衰减定律,可用下式表示:

$$I(E) = I_0(E) \exp[-u(E)\rho d] \qquad (1-16)$$

式中,$I(E)$ 为透射线强度;$I_0(E)$ 为入射线强度;$u(E)$ 为线衰减系数;ρ 为物质的密度;d 为物质的厚度。

其中,

$$u = \tau + \sigma \qquad (1-17)$$

式中,τ 为线吸收系数;σ 为线散射系数。

X 射线是用高速运动带电粒子撞击金属靶体产生辐射而产生的,X 射线穿过物体后,因物体吸收和散射而使其强度衰减,它在各处的衰减程度则因其所经过部位的厚度、结构有无缺陷而异,结果便形成了一幅射线强度不同的“影像”,并可被置于物体后的胶片或荧光屏记录或显示,以供检测,这是射线检测的基本原理。射线检测技术适用于各种材料的检验,它不仅可用于金属材料(黑色金属和有色金属)的检验,也可用于非金属和复合材料的检验,特别是它还可用于放射性材料的检验。对于工业应用,X 射线检测技术形成了完整的方法系统,一般可分为射线照相成像技术、射线实时成像检测技术、射线层析检测技术和其他射线成像技术 4 类。射线照相成像技术主要是将感光材料(胶片)置于被检测工件后面,来接受透过工件不同强度的射线;射线实时成像检测技术主要是采用图像增强器、成像板和线阵列;射线层析检测技术,即计算机断层扫描技术(CT)和康普顿散射成像检测技术,主要应用在精密件、特殊结构件和无损检测研究领域。本系统使用的是射线实时成像检测技术,采用的是电视观察法,它是荧光屏直接观察法的发展,实际上就是将荧光屏上的可见影像通过光电倍增管来增强图像,再通过电视设备来显示,它的自动化程度高,无论静态或动态情况都可观察。

3. 数字化 X 射线检测

自 20 世纪 80 年代引入计算机化的 X 射线技术以来,X 射线成像发生了巨大的变化,实现了真正的自动检验、缺陷识别、存储及依靠人为对图像或胶片的解释。数字化 X 射线检测提供了有益的计算机辅助及图像辨别、存储和数字化传输,剔除了胶片的处理过程,节省了由此产生的费用。

数字化 X 射线检测具有胶片无法比拟的优点,它通过照射存储荧光屏,将图像存储在其内部。在许多情况下,该技术很容易被转换成胶片基系统,但不需要胶片、化学药品、暗室、相关设备及胶片存储。

工业 X 射线数字成像技术是射线照相成像技术在工业上的重要应用,其图像的数字化是未来工业探伤的发展方向。工业 X 射线检测的应用将射线检测技术水平提高到一个新的层次,解决了成像无胶片化、计算机存储及传输的数字化、X 射线低剂量化、结果判读及评价的远程网络化等一系列传统射线照相成像技术不可逾越的难题,并可通过各种图像后处理方法提高图像分辨率和滤除噪声。该技术将逐渐取代传统胶片技术成为未来工业 X 射线检测的发展趋势。

1.4.2 X 射线检测种类

1. 射线照相法

射线照相法(图 1 - 12)是根据被检工件与其内部缺陷介质对射线能量衰减程度的不同,使得射线透过工件后的强度不同,从而使缺陷能在射线底片上显示出来的方法。从 X 射线机发射出来的 X 射线透过工件时,由于缺陷内部介质对射线的吸收能力和周围完好部位不一样,因此透过缺陷部位的射线强度不同于透过周围完好部位的射线强度。先把胶片放在工件适当位置,在感光胶片上,缺陷部位和周围完好部位将接受不同的射线曝光;再经过暗室处理后,得到底片;然后把底片放在观片灯上就可以明显观察到缺陷部位和周围完好部位具有不同的黑度。评片人员据此就可以判断缺陷的情况。

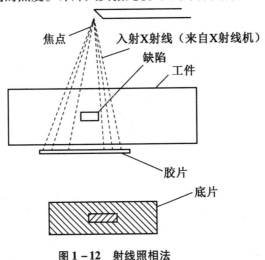

图 1 - 12 射线照相法

2. 射线荧光屏观察法

射线荧光屏观察法是将透过被检物体后不同强度的射线,再投射在涂有荧光物质的荧光屏上,激发出不同强度的荧光而得到物体内部影像的方法。

此法所用设备主要由 X 射线发生器及其控制设备、荧光屏、观察和记录用的辅助设备、防护及传送工件的装置等几部分组成。检验时,把工件送至观察箱上,X 射线管发出的射线透过被检工件,落到与之紧挨着的荧光屏上,显示的缺陷影像经平面镜反射后,可通过平行于镜子的铅玻璃进行观察。

射线荧光屏观察法只能检查较薄且结构简单的工件,其灵敏度较差,最高灵敏度为 2% ~ 3%,大量检验时,灵敏度最高为 4% ~ 7%,对于微小裂纹是无法发现的。

3. 射线实时成像检测技术

射线实时成像检测技术是工业射线探伤很有发展前途的一种新技术,与传统的射线照相法相比具有实时、高效、不用射线胶片、可记录和劳动条件好等显著优点。由于它采用 X 射线源,因此常称为 X 射线实时成像检验。国内外主要将它用于钢管、压力容器壳体焊缝检查,微电子器件和集成电路检查,食品包装夹杂物检查及海关安全检查等。

这种方法是利用小焦点或微焦点 X 射线源透照工件,利用一定的器件将 X 射线图像转换为可见光图像,再通过电视摄像机摄像后,将图像直接或通过计算机处理后再显示在电视监视器上,以此来评定工件内部的质量。通常所说的工业 X 射线电视探伤,是指 X 光图像增强电视成像法,该法在国内外应用最为广泛,是当今射线实时成像检验的主流设备,其探伤灵敏度已高于2%,并可与射线照相法相媲美。射线实时成像检测技术探伤系统基本组成如图 1－13 所示。

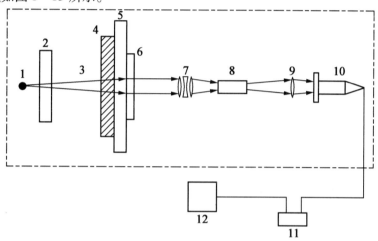

图 1－13　射线实时成像检测技术探伤系统基本组成
1—X 射线源;2、5—电动光阑;3—X 射线束;4—工件;6—图像增强器;7—耦合透镜组;
8—电视摄像机;9—控制器;10—图像处理器;11—监视器;12—防护设施

4. 射线计算机断层扫描技术

计算机断层扫描技术(CT)是利用物体横断面的一组投影数据,经计算机处理后,得到物体横断面的图像。射线 CT 系统组成框图如图 1－14 所示。

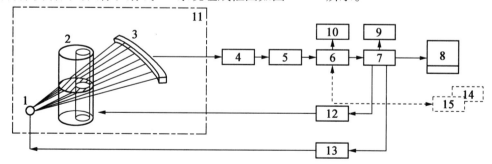

图 1－14　射线 CT 系统组成框图
1—X 射线源;2—工件;3—检测器;4—数据采集部;5—高速运算器;6—计算机 CPU;7—控制器;8—监视器;
9—摄影单元;10—磁盘;11—防护设施;12—机械控制单元;13—射线控制单元;14—应用软件;15—图像处理器

　　X 射线源发出扇形束 X 射线,被工件衰减后的 X 射线强度投影数据经接收检测器(300 个左右,能覆盖整个扇形扫描区域)被数据采集部采集,并进行从模拟量到数字量的高速 A/D 转换,形成数字信息。在一次扫描结束后,工件转动一个角度再进行下一次扫描,如此反复下去,即可采集到若干组数据。这些数字信息在高速运算器中进行修正、图像重建处理和暂存,在计算机 CPU(中央处理器)的统一管理及应用软件支持下,便可获得被检物体某一断面的真实图像,并显示于监视器上。

1.4.3　X 射线检测特点

　　X 射线检测方法用底片作为记录介质,可以直接得到缺陷的直观图像,且可以长期保存。通过观察底片能够比较准确地判断出缺陷的性质、数量、尺寸和位置,容易检出形成局部厚度差的缺陷,对气孔和加渣之类缺陷有很高的检出率,对裂纹类缺陷的检出率则受透照角度的影响。它不能检出垂直照射方向的薄层缺陷(如钢板的分层)。

　　X 射线检测所能检出的缺陷高度尺寸与透照厚度有关,可以达到透照厚度的 1%,甚至更小。所能检出的长度和宽度尺寸分别为毫米数量级和亚毫米数量级,甚至更小。

　　X 射线检测薄工件没有困难,几乎不存在检测厚度下限,但检测厚度上限受射线穿透能力的限制,而射线穿透能力取决于射线光子能量。

1.4.4　射线检测的应用

　　射线检测用于检测零件、部件或组件在其材料厚度或密度上呈现差异的特征,厚度或密度差异大的远比差异小的易于检测。一般来说,射线检测只能检测与射线束方向平行的厚度或密度上的明显异常部分,因此检测平面型缺陷(如裂纹)的能力取决于被检测件是否处于最佳辐照方向。而在所有方向上都可以检测体积型的缺陷(如气孔、夹杂),只要它相对于截面厚度的尺寸不是太小,均可以检测出来。

　　由于射线检测原理是依靠射线透过物体后衰减程度不同来进行检测的,因此适用于所有材料,不管是金属的还是非金属的,如检测各种材料的铸件与焊缝、期料、蜂窝结构及碳纤维材料,还可用以了解封闭物体的内部结构。所以射线检测在化工石油、机械和电站设备制造、飞机、宇航、核能、电子、造船等工业中得到了极为广泛的应用。

　　由于可选用不同波长的射线,因此可检测薄如树叶的钢材,也可检测厚达 500 mm 的钢材。如用线型像质计,射线检测发现缺陷的相对灵敏度一般为 1%,个别采用特殊技术的还可再高一些而优于 1%,最高达 2%。

　　但是射线检测的应用受到厚度范围的局限,这一厚度范围主要是由所使用的射线源和最大可行的曝光时间确定的,一般用 X 射线装置和放射源作为射线源,经常使用的放射源有 ^{192}Ir、^{137}Cs、^{60}Co 和 ^{170}Tm 等。如果使用管电压为 420 kV 的 X 射线装置,则可检测的最大钢板厚度为 100 mm 左右;如果使用 ^{192}Ir、^{137}Cs 放射源,则可检测的钢板厚度为 10 ~ 75 mm;如果使用 ^{170}Tm 放射源,则可透照的钢板厚度只有 15 mm;如果使用 ^{60}Co 放射源,则可透照的钢板厚度为 4 ~ 225 mm;如果应用电子加速器,则可穿透的钢板厚度为 80 ~ 500 mm;如果钢板厚度为 500 mm 以上,则目前还不能用射线检测进行检验。

1.4.5　射线检测发展趋势

由于射线检测具有一系列的优点,因此不可能用其他无损检测方法完全取代。射线检测发展的前景,一方面要看射线检测自身技术的发展;另一方面也要看其他无损检测技术的发展情况。

目前,X 射线探伤机的管电压最高为 450 kV,功率多数在 4 kW 以下。管电压指标显示了穿透能力。在最大管电压下,对于钢材的穿透能力不超过 130 mm。再厚的工件,则必须使用 γ 射线探伤装置或加速器探伤装置。

管焦点是反映 X 射线探伤机性能的另一个重要指标。管焦点越小,获得的图像越清晰,它直接影响仪器的分辨本领和灵敏度。目前,大多数 X 射线机的焦点尺寸在 0.4 mm×0.4 mm 到 4.0 mm×4.0 mm 之间,有的具有双焦点。美、英等国还研制了微米级的微焦点 X 射线机。另外,为了适应球形、圆筒形等工件的检测,还研制了棒阳极、旋转阳极和圆周照射的 X 射线探伤机。

金属陶瓷管的出现使管头缩小了体积、减轻了质量,提高了 X 射线管的强度和寿命。

在移动式和固定式 X 射线探伤设备中,普遍采用稳压电路,并在每个电压级别都可配有定向和周向辐射仪器。入射 X 射线源普遍采用双焦点的方式。控制系统实现了电压电源曝光时间的精确控制,并利用电离室或光敏二极管实现自动曝光。

携带式仪器的发展方向是小型和轻量化。通常采用半波自整流电路,并尽量缩小 X 射线管尺寸。在管内窗口处局部附铅或采用贫化铀吸收散射线,采用 SF_6 气体绝缘、高频变压(用 400～800 Hz 方波电源代替 50 Hz 正弦波电源供电),以及阳极接地(便于 X 射线管冷却)等技术措施;控制器小型化、通用化,便于配套;电压、电流和曝光时间可以预选并用数字显示。针对大型螺旋焊管,还生产了管道爬行式小型 X 射线机,用长电缆或蓄电池供电。

γ 射线探伤仪也在小型轻量、安全防护等方面做了大量改进,已生产出检测钢管的半自动或全自动探伤仪。仪器还有单通道和多通道等不同类型。其放射源可以自动伸出和收回,以闪烁晶体做探测器,并配有信息处理与显示装置以及自动打推装置等。在高能射线方面,电子直线加速器和电子回旋加速器已得到普遍应用,为检测大厚铸件和焊缝提供了便利条件。

在显示方法中,除用胶片和电离探测器进行记录外,工业电视显示方法也广泛应用。此外,记忆电视也被引入射线检测过程,用于存储透视结果,以便随后观察和评价。计算机图像处理系统对底片和工业电视图像的处理已获得了令人满意的结果,从而大大提高了清晰度和灵敏度。

为了实现某些生产线上的在线实时自动检测,已研制了各种程序控制单元,使工件能按程序在几个位置上处于静止状态接受检验。配合自动探伤传送装置,可以实现射线检测的全部自动化。

计算机断层扫描技术(CT)在工业上已经开始应用,并且会越来越普及。这对射线检测中提高缺陷的定位、定量和定性精度将是革命性的进展。

在射线检测灵敏度的理论分析方面,已用分辨力函数和调制传递函数(modulation

transfer function)的概念,综合分析在图像产生过程中所有影响因素的作用,如被检试件中辐射的传递、照相几何、线质与射束特征、胶片与增感屏的组合、胶片的处理等。调制传递函数已开始用于评价图像质量和评价射线照相检测系统,包括评价工业电视装置、CT 扫描系统、闪光射线照相和中子照相等装置。

1.5 X 射线机

1.5.1 X 射线机分类

工业检测用的 X 射线机按照结构、使用性能、频率及绝缘介质种类可以分为以下几种。

1. 按结构划分

(1)携带式 X 射线机。这是一种体积小、质量轻、便于携带、适用于高空和野外作业的 X 射线机。它采用结构简单的半波自整流线路,X 射线管和高压发生部分共同装在射线机头内,控制箱通过一根多芯的低压电缆将其连接在一起。

(2)移动式 X 射线机。这是一种体积和质量都比较大,安装在移动小车上,用于固定或半固定场合的 X 射线机。它的高压发生部分和 X 射线管是分开的,其间用高压电缆连接,为了提高工作效率,一般采用强制油循环冷却。

2. 按使用性能划分

(1)周向 X 射线机。这种 X 射线机产生的 X 射线束向 360°方向辐射,主要用于大口径管道和容器环焊缝照相。

(2)管道爬行器。这是为了解决很长的管道环焊缝照相而设计生产的一种装在爬行装置上的 X 射线机。该机在管道内爬行时,用一根长电缆提供电力和传输控制信号,利用焊缝外放置的一个小同位素射线源确定位置,使 X 射线机在管道内爬行到预定位置进行照相。

3. 按频率划分

按供给 X 射线管高压部分交流电的频率划分,可分为工频(50~60 Hz)X 射线机、变频(300~800 Hz)X 射线机及恒频(约 200 Hz)X 射线机。在同样电流、电压条件下,恒频 X 射线机穿透能力最强、功耗最小、效率最高,变频 X 射线机次之,工频 X 射线机较差。

4. 按绝缘介质种类划分

按绝缘介质种类划分,可分为油绝缘 X 射线机(绝缘介质为变压器油)和气体绝缘 X 射线机(绝缘介质为六氟化硫(SF_6))。

1.5.2　典型便携式 X 射线机

1. 便携脉冲式 X 射线机

便携脉冲式 X 射线机及其成像系统如图 1 - 15 所示,它主要包括射线管腔的冷阴极射线管、放电器、高电压电容器和变压器,射线管头上准直管发射的射线视野范围一般为 40°。其优点是体型轻便、灵巧,便于架设,采用电池供电方式,适用于复杂环境的射线检测;其缺点是射线发射为脉冲形式,有效穿透厚度较小,适用于一些薄壁管道等的检测,一般配合 DR 成像系统使用。

图 1 - 15　便携脉冲式 X 射线机及其成像系统

2. 便携轻巧型 X 射线机

便携轻巧型 X 射线机如图 1 - 16 所示,其射线机最大工作电压分为 200 kV、250 kV 两种,体积轻巧,质量不到 10 kg,能够连续照射,现场架设方便,适用于体积较小、内部结构简单的电网设备,其缺点是对于大型的电网设备穿透能力不足。

3. 便携移动式 X 射线机

便携移动式 X 射线机及其成像系统如图 1 - 17 所示。X 射线机是产生 X 射线的设备,电网设备的带电检测一般采用便携式 X 射线机,其优点是体积小、质量轻,适用于高空和野外作业。电网 X 射线的带电检测使用的便携式 X 射线机,推荐选择焦点尺寸不大于 3 mm × 3 mm。对于电网设备的 X 射线检测,其射线机的选配要根据各自的特点,如检测空间、被检物体的材质及结构尺寸等来选择不同的成像系统。

图 1 - 16　便携轻巧型 X 射线机

图 1 - 17　便携移动式 X 射线机及其成像系统

第2章　X射线成像检测设备与系统

2.1　X射线机

2.1.1　X射线机的结构与分类

工业射线检测中使用的低能X射线机,主要由4部分组成:射线发生器(X射线管)、高压发生器、冷却系统和控制系统,其结构框图如图2-1所示。当各部分独立时,高压发生器与射线发生器之间采用高压电缆进行连接。

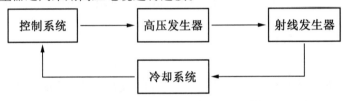

图2-1　低能X射线机结构框图

射线机可以从不同方面进行分类,如按照X射线机的工作电压可分为恒压X射线机和脉冲X射线机;按照加在X射线管上的电压脉冲频率可分为恒频X射线机和变频X射线机;按照所使用的X射线管可分为玻璃管X射线机和陶瓷管X射线机;按照X射线管的辐射角可分为定向X射线机和周向X射线机;按照X射线管焦点尺寸可分为微焦点X射线机、小焦点X射线机和常规焦点X射线机等。但目前较多采用的是按照结构进行分类,X射线机通常分为移动式X射线机、便携式X射线机和固定式X射线机。

移动式X射线机具有分立式X射线机的各个组成部分,但它们共同安装在一台小车上,可以很方便地移动到现场、车间进行射线检验。移动式X射线机的冷却系统为良好的水循环系统。X射线管采用金属陶瓷X射线管,管电压不高于160 kV,射线发生器常常就是X射线管,它与高压发生器之间采用长达15 m的高压电缆连接,以便于现场的防护与操作。

便携式X射线机采用组合式射线发生器,其X射线管、高压发生器、冷却系统共同安装在一个机壳中,也简单地称为射线发生器。便携式X射线机的整机由控制器和射线发生器两个单元组成,两个单元之间由低压电缆连接。其管电压不超过320 kV,管电流固定为5 mA,连续工作时间为5 min。较早的时候,射线发生器中所充填的绝缘介质为高抗电强度的变压器油,其抗电强度不小于30~50 kV/2.5 mm;现在射线发生器中多数充填

的绝缘介质是 SF_6，以减轻射线发生器的质量。SF_6 气体无毒无味，不可燃，化学性质稳定，有优良的灭弧功能，抗电强度是空气的 2.5 倍。在均匀的电场中，气压为 0.3 MPa 时抗电强度与变压器油相同。使用时应严格密封，防止水分进入，否则击穿放电的电弧高温可产生 SF_6 气体毒和有腐蚀性气体。充填的 SF_6 气体的气压应不低于 0.34 MPa，通常也不应超过0.49 MPa。采用充气绝缘的便携式 X 射线机，体积小、质量轻、便于携带，利于现场进行射线检验。

固定式 X 射线机采用功能强的分立式射线发生器、高压发生器。冷却系统与控制系统，射线发生器与高压发生器之间采用高压电缆连接，高压电缆的长度一般为 2 m。由于固定式 X 射线机体积大、质量大、不便移动，因此固定安装在 X 射线机房内。这类 X 射线机已形成150 kV、250 kV（225 kV）、320 kV 和 450 kV（420 kV）等系列，由于其管电流可用到 30 mA 甚至更大，系统完善，工作效率高，因此是检验实验室应优先选用的 X 射线机。

2.1.2　X射线机的工作过程

X 射线机的工作过程可以概括为以下 6 个阶段。

（1）通电。接通电源，调压器带电，冷却系统同时启动，开始工作。

（2）灯丝加热。接通灯丝加热开关，灯丝变压器开始工作，灯丝变压器的二次电压（一般为 5~20 V）加到 X 射线管的两端，灯丝被加热发射电子。

（3）高压加载。接通高压变压器开关，高压变压器开始工作，二次电压加在 X 射线管的阳极和阴极之间，灯丝发射的电子在高压的作用下加速，高速飞回阳极并与阳极靶发生撞击，X 射线管开始辐射 X 射线。

（4）管电压、管电流调节。接通高压以后，同时调节调压器和毫安调节器，得到所需要的管电压和管电流，使 X 射线机在这种状态下工作。调节时应保证电压在前电流在后。

（5）中间卸载。一次透照完成后，先降低管电压和管电流，再切断高压，安装 X 射线机规定的工作方式进行空载冷却，准备再次高压加载进行透照。

（6）关机。按照中间卸载方式卸载后，经过一定的冷却时间冷却后断开灯丝加热开关，再断开电源开关。

现在许多 X 射线机已改为高压和管电流可以预置方式，接通高压开关后，X 射线机的控制部分可自动调节，并逐步达到所需要的高压和管电流，不需要再进行人工调节。多数控制箱已改成数字显示和数字式调节方式。

2.1.3　X射线机的技术性能

X 射线机的主要技术性能，从射线检验角度可归纳为 4 个方面：工作负载特性、辐射强度、焦点和辐射角。此外还有其他一些重要指标，如工作方式、泄漏辐射剂量、质量等，这些性能都与射线检测工作有关，在选取 X 射线机时应考虑上述性能是否适应所进行的检测工作。我国机械行业标准 JB/T 9402—1999《工业 X 射线探伤机　性能测试方法》中关于 X 射线机的技术性能实验，规定应进行电源电压波动实验、穿透力实验、透照灵敏度实验、有效焦点测定、辐射角和辐射场均匀性测定、泄漏射线比释动能率测定、计时误差测定、管压误差测定、管电流误差和总耗电功率测定等。此外,在这个标准中还规定应满足安全性、可靠性、稳定性实验的要求。该规定可作为理解、选择 X 射线机的依据。

(1)工作负载特性。

X 射线机的工作负载特性给出了该 X 射线机可使用的管电压范围和对应的可使用的管电流值,完整的特性常以工作负载特性曲线形式给出。X 射线机的工作负载特性实际上是由三方面因素决定的。一是 X 射线机所采用的 X 射线管和高压发生器系统等所限定的高压范围;二是在一定的 X 射线管灯丝加热电流下管电流与管电压的关系曲线(也称阳极特性曲线)的限定;三是 X 射线管阳极能承受的最大容许功率的限制。这些限制共同决定了 X 射线机的工作负载特性。X 射线机典型的工作负载特性如图 2 - 2 所示。

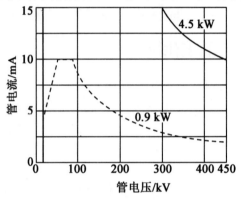

图 2 - 2 X 射线机典型的工作负载特性

(2)辐射强度。

实验研究指出,X 射线管辐射的 X 射线强度近似与管电压平方成正比、与管电流成正比、与靶物质的原子序数成正比,这个关系式可以表示为

$$I = \alpha i Z V^2 \tag{2-1}$$

式中,I 为 X 射线强度;i 为管电流,mA;Z 为靶物质的原子序数;V 为管电压,kV;α 为比例系数,$(1.1 \sim 1.4) \times 10^{-6}$。

输入 X 射线管的功率为 iV,所以 X 射线管的转换效率为

$$\eta = \frac{\alpha i Z V^2}{iV} = \alpha Z V \tag{2-2}$$

从式(2 - 2)可以看到,对于低压 X 射线机,输入 X 射线管的能量只有很少部分转换为 X 射线,大部分转换成热,如钨靶 X 射线管在管电压为 100 kV 时,转换效率仅为 1%。X 射线管辐射的 X 射线强度在空间不同方向是不同的,X 射线管轴线上相对强度的分布常称为侧倾效应,如图 2 - 3 所示。

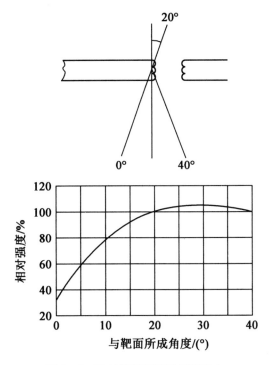

图 2-3　X 射线管辐射的侧倾效应

在距离 X 射线管焦点 F 处空间一点的 X 射线强度可按下式计算：

$$I_F = \frac{\alpha i Z V^2}{F^2} \qquad (2-3)$$

（3）焦点。

X 射线管的焦点也就是 X 射线机的焦点，焦点是阳极靶上产生 X 射线的区域。由于焦点的形状、尺寸与射线照相所得到影像的质量有关，因此它是 X 射线机的一个重要技术指标。

X 射线机的实际焦点是指电子束所撞击的阳极靶的面积，X 射线管的管轴线和阳极靶之间存在一定的角度，所以如果从不同方向观察 X 射线机的实际焦点，就会发现其具有不同的形状和大小。在射线照相中通常所说的焦点并不是实际焦点，而是有效焦点。有效焦点是指 X 射线机的实际焦点在辐射的射线束的中心方向观察到的焦点形状和尺寸，也就是实际焦点在垂直于管轴方向的投影。显然有效焦点的形状和大小取决于实际焦点的形状和大小。在射线照相检验中，有效焦点通常简称为焦点。图 2-4 所示为有效焦点和实际焦点的关系图。

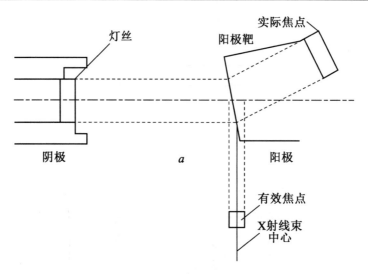

图 2 - 4　有效焦点和实际焦点的关系图

　　焦点的形状取决于灯丝绕制的形状,如果灯丝为圆形,则焦点也为圆形;如果灯丝为长条、螺旋管形,则焦点将为长方形。国际标准化组织把常用的 X 射线机的焦点形状(图 2 - 5)归纳为 4 种基本形状,即正方形、长方形、圆形、椭圆形,各种形状焦点的有效焦点尺寸 d 的计算式如下。

①正方形:$d = a$。

②长方形:$d = (a + b)/2$。

③圆形:$d = a$。

④椭圆形:$d = (a + b)/2$。

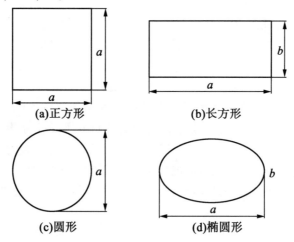

图 2 - 5　X 射线机的焦点形状

　　测定焦点的尺寸有两种方法:针孔法和几何不清晰度法。

　　针孔法采用小孔成像方法,利用针孔板测定焦点的尺寸。几何不清晰度法利用计算的方法,通过测量得到的几何不清晰度计算焦点的尺寸。

　　有关标准均规定,针孔板应采用特殊材料制作,如钨、钽、铂铱合金等。针孔法测定时选择适当的焦点与胶片距离,按规定将针孔板置于 X 射线管与胶片之间适当位置,并按规定的透照参数透照,从得到的底片影像测量焦点尺寸。不同的标准对测定方法的具体规定存在一些差异,图 2-6 所示为针孔法所用针孔板的基本结构,图 2-7 所示为采用针孔法测得的一般定向 X 射线机的焦点形貌。

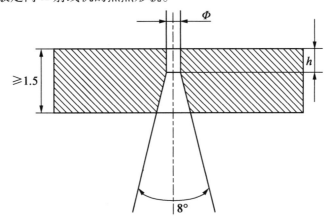

图 2-6　针孔板的基本结构

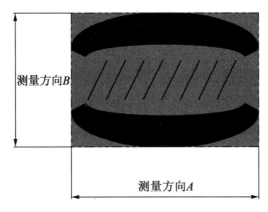

图 2-7　定向 X 射线机的焦点形貌

　　(4)辐射角。

　　辐射角直接决定了 X 射线机可使用的辐照场,它由阳极靶的形状和阳极的设计决定。

　　在现在使用的 X 射线机中,定向辐射 X 射线机的辐射角一般为 40°锥形辐射角,周向辐射 X 射线机一般为 24°×360°或 25°×360°的扇形周向辐射角,或者是 12°×360°的半扇形周向辐射角。定向辐射 X 射线机的阳极靶为平面靶,靶面角(即靶面与 X 射线管轴垂线的夹角)为 20°。周向辐射 X 射线机的阳极靶常采用锥形靶或平面靶,采用平面靶时靶面角为 0°。

简单地测定辐射角时,可把胶片垂直于窗口平面放置,用很短的时间曝光,从得到的底片镜像测量。一般应在十字交叉的两个方位完成上面的测量。

2.1.4　X 射线机的常见故障与维护

制作质量不良、操作不当、维护不佳等原因,导致 X 射线机可能发生各种故障,其中较为常见的故障见表 2 - 1。

表 2 - 1　X 射线机常见故障

故障现象	故障部位和故障原因
毫安表指示摆动	(1)X 射线管真空度降低 (2)高压电路中局部绝缘能力降低
高压加上后无管电流	(1)X 射线管灯丝烧断 (2)电路存在接触不良 (3)电路元器件失效
高压不能接通	(1)工作条件不符,保护装置动作 (2)高压击穿,过载保护动作 (3)电路元器件失效或接触不良
电流显著增大,这个现象始终持续	(1)X 射线机高压部分绝缘材料被击穿 (2)X 射线管漏气
电源保险丝熔断	(1)X 射线管漏气 (2)高压电路击穿 (3)低压电路短路或击穿

为了减少 X 射线机的故障,在日常使用中应严格遵守 X 射线机的使用说明,认真进行各项维护工作,其中应特别注意的是下列各项。

(1)不能超负荷使用 X 射线机。

X 射线机都规定了额定电压、额定电流(管电流)、工作方式,工作方式指的是加载与冷却交替循环时间的规定,在正常开机工作时必须遵守这些规定。

(2)注意 X 射线管的老化训练。

X 射线管是一个高真空度的器件,如果真空度降低,一是可能引起高压击穿损坏 X 射线管,二是高速电子可将管中的气体电离,产生很大的管电流,造成 X 射线管损坏。

X 射线管在制造过程中,管壳、电极都经过严格的排气处理,但 X 射线管内的材料析出气体和 X 射线管本身的泄漏等,都会导致真空度降低。为了保证 X 射线管的真空度,新安装的 X 射线管或关机一段时间再启用的 X 射线机,在开机后都应进行 X 射线管的老化训练(训机),吸收 X 射线管内的气体,提高 X 射线管的真空度。老化训练就是按照一定的程序,从低电压、低管电流逐步升压,直到达到 X 射线机的工作所需的最高管电压或额定工作电压。不同的 X 射线机均有自己的具体规定,表 2 – 2 列出了 X 射线机老化训练的主要规定。在老化训练中应注意观察管电流,如果在某一管电压下管电流不稳定,则应降回原管电压,重新在原管电压下工作一段时间,再升高管电压。

现代的 X 射线机内常安装保护装置,可保证在未完成必要的老化训练之前,无法向 X 射线管送上高压。有的 X 射线机装备了自动老化训练程序,只要在规定的时间内停放,可采用自动老化训练程序完成老化训练。

表 2 – 2　X 射线机老化训练的主要规定

停用时间	8 ~ 16 d	2 ~ 3 d	3 ~ 21 d	>21 d
升压速度	10 kV/30 s	10 kV/min	10 kV/2.5 min	10 kV/5 min

(3)充分预热与冷却。

X 射线管的灯丝和阳极靶工作在高温高压下,其灯丝金属会挥发。X 射线管中电子动能的绝大部分转换为热,阳极急剧升温,如果不注意充分冷却,将导致阳极过热,阳极靶面蒸发或熔化,并会加大气体的释放,最终使 X 射线管损坏。因此,在使用 X 射线机时,除了限定额定工作电压和额定工作电流外,还必须注意预热和冷却。

在开机后,应使灯丝经历一定的加热时间后,再将高压送到 X 射线管。关机前,应使 X 射线管的灯丝在无高压下保持加热一段时间。这将减小 X 射线管灯丝不发射电子状态与强烈发射电子状态之间的突然变化,这种突然变化将加速灯丝的老化,减少 X 射线管的寿命。

为了达到充分冷却,除了保证冷却系统正常工作外,还必须遵守 X 射线机的工作方式规定,在高压加载一定时间后必须按照规定间歇一定的时间,防止 X 射线机因冷却不足形成超负载的过度使用,这将很快损坏 X 射线管或严重损伤 X 射线管。

不同 X 射线机对工作方式都有明确的规定,一般都规定了允许的最长连续工作时间,同时规定了相等的高压加载时间和间歇冷却时间。便携式 X 射线机经常采用高压加载 5 min、间歇冷却 5 min 的工作方式;移动式 X 射线机和固定式 X 射线机,由于冷却系统较好,因此最长连续工作时间可达 30 min 或更长,工作方式一般也是采用相等的高压加载时间和间歇冷却时间。

(4)日常定期维护。

做好日常定期维护工作,对于保证 X 射线机长期处于正常工作状态和延长使用寿命都具有重要意义。主要的日常维护工作是定期校验指示仪表和清洁控制系统的元器件,定期检验绝缘油、冷却油的耐压强度和充气绝缘 X 射线机的气压,定期检验连接部分和紧固部分的状况,特别是高压电缆连接处的密封和紧固螺栓,保证它们都处于良好的、有效的状态,防止泄漏或渗入。

2.2 X 射线探测器

2.2.1 胶片

(1)胶片的结构。

射线胶片与普通胶片除了感光乳剂成分有所不同外,其他的不同主要是:射线胶片一般是双面涂布感光乳胶层,普通胶片是单面涂布感光乳胶层;射线胶片的感光乳胶层厚度远大于普通胶片乳胶层厚度,这主要是为了能更多地吸收射线的能量。但是,感光最慢、颗粒最细的射线胶片是单面涂布乳胶层。

胶片主要由以下几部分组成。

①片基为透明材料,它是感光乳胶层的支持体,厚度约为 0.175 ~ 0.3 mm。

②感光乳胶层的主要成分是卤化银(感光物质)极细颗粒和明胶,此外还有一些其他成分(如感光剂等),感光乳胶层的厚度约为 10 ~ 20 μm。卤化银主要采用的是溴化银,其颗粒尺寸一般不超过 1 μm。明胶可以使卤化银颗粒均匀地悬浮在感光乳胶层中,它具有多孔性,对水有极大的亲合力,使暗室处理药液能均匀地渗透到感光乳胶层中。

③结合层是一层胶质膜,它将感光乳胶层牢固地黏结在片基上。

④保护层主要是一层极薄的明胶层,厚度约为 1 ~ 2 μm,它涂在感光乳胶层上,避免感光乳胶层直接与外界接触而损坏。

⑤核心部分是感光乳胶层,它决定了胶片的感光性能。

(2)X 射线胶片分类。

X 射线胶片按用途分主要有医用 X 射线胶片、工业 X 射线胶片。医用 X 射线胶片使用浅蓝色片基,以防产生光晕,使用时也可加荧光增感屏,激发荧光而进行拍摄,效果更好。工业 X 射线胶片要求微粒、低灰雾、高反差、高密度和高分辨率。此外还有测定射线剂量用的测辐射胶片,广义的还包括 X 射线照相复制用的胶片。通常在直接摄影用的胶片片基的两面都涂布照相乳剂来提高感光度和反差。

(3)X 射线胶片的特点。

①高解像力,提高对缺陷的识别能力;②对 X 射线具有高敏度,尤其医用 X 射线胶片,感光度要求高,以尽量减少 X 射线的辐射量,防止人体受害;③使用方便,加工简便;④药膜涂布均匀、无污点,以免与缺陷影像混淆;⑤X 射线胶片须在片基正、反两面涂布高感、高反差的盲色乳剂,以提高 X 射线的利用率和增强影像对比度。

2.2.2 荧光屏

数字技术不是首先应用无胶片照相检验的,第一个无胶片图像装置——荧光透射法是在伦琴发现 X 射线几个月后开发的。该装置由一个磷光屏组成,磷光屏在 X 射线的照射下能够发光,使用时将其放置在一个观察盒中,以补偿磷光屏的亮度不足。操作者在屏的另外一侧进行观察。

20 世纪 20 年代,钨酸钙(CaWO₄)被发现为一种性能优良的 X 射线荧光材料,用CaWO₄制作的增感屏,将 X 射线转换为荧光之后再曝光胶片,是提高成像系统灵敏度的有效手段。20 世纪 70 年代以后,掺铽硫氧化钆($Gd_2O_2S{:}Tb$)和掺铽溴氧化镧(LaOBr:Tb)等掺稀土元素的荧光材料也被发现适用于制作增感屏。由增感屏和胶片组成的屏胶系统,能够大大降低成像系统对 X 射线剂量的需求,因而至今都得到了普遍的应用。

2.2.3 图像增强器

在 20 世纪 50 年代发明图像增强器之前,荧光镜被广泛应用于检验领域。目前,X 射线图像增强器系统广泛应用于医疗透视诊断和工业射线检测等领域。

1. 图像增强器的结构

X 射线图像增强器通常制成圆柱形,内部的真空胆中包含有许多零部件,其结构原理图如图 2 - 8 所示。对 X 射线敏感的输入荧光屏将不可见的 X 射线光子图像转换为可见光图像,可见光光子激发光电阴极发射电子图像,该电子通过几千电子伏特(keV)的电压加速并聚焦于荧光输出屏,从而又形成可见光图像。可见光图像反映了射线潜影的细节情况,并且亮度得到了大大增强。该图像可通过灵敏度较高的电视摄像机系统来观察,或者通过电荷耦合器件(CCD)等数字采集系统送往计算机进行处理识别。

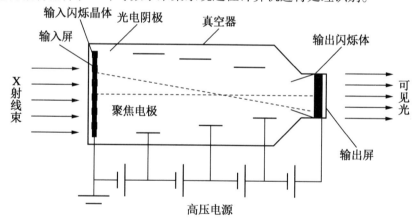

图 2 - 8 X 射线图像增强器结构原理图

2. 图像增强器的性能参数

(1)亮度。

亮度是由图像的缩小倍数和电子的加速通量的综合效果决定的。

①缩放倍数。缩放倍数是因电子从较大的光电阴极出发被聚集到相对较小的输出闪烁体区域,从而造成单位区域内电子个数的增加,进而影响图像的亮度。缩小倍数的值由输入闪烁体的直径与输出闪烁体的直径的平方表达,即面积之比为

$$缩小倍数 = \frac{(输入闪烁体的直径)^2}{(输出闪烁体的直径)^2} \qquad (2-4)$$

②通量。通量的值取决于输入闪烁体到输出闪烁体之间电子的加速度,该值由施加的电压大小来决定。

(2)转换因子。

由于亮度值难以测量,从而不能有效地衡量图像增强器的性能。相对较容易的可测量参数为转换因子,它对图像增强器的性能比较和判断图像增强器是否超期都非常有用。转换因子与图像增强器的照度输出和射线曝光输入有关,照度的输出由光度计测量。射线的曝光量由射线的电离室电离效应来测量,转换因子可表示为

$$转换因子 = \frac{输出闪烁体的照度}{输入的空气克马率} \qquad (2-5)$$

转换因子的典型值为 $7.5\ \mathrm{cd \cdot m^{-2}/\mu Gy \cdot s^{-1}} \sim 15\ \mathrm{cd \cdot m^{-2}/\mu Gy \cdot s^{-1}}$ 或更高。

图像增强器的图像较暗,家用灯泡的照度约为 $1\ 067.5\ \mathrm{cd \cdot m^{-2}/\mu Gy \cdot s^{-1}} \sim 15\ \mathrm{cd \cdot m^{-2}/\mu Gy \cdot s^{-1}}$)。因此该绿色光的输出需要较暗的环境直接观察测量或用灵敏度高的摄像机来远距离观察测量。

(3)对比度。

对比度主要表述像增强器在较大区域中图像的反差性能。因几种散射效果的存在,使射线本来穿不透的物体,在图像中不是完全未穿透。对比度可通过一铅质盘图像的照度值与无铅盘图像的照度值的相关性来测量。为了标准化的目的,铅盘的尺寸应为视野尺寸的 10%,并沿着视野的中心放置,其表达式为

$$对比度 = \frac{无铅盘时的照度}{中心有 10\% 铅盘时的照度} \qquad (2-6)$$

对比度典型值为 30:1 ~ 20:1 或更高。

3. 空间分辨率

空间分辨率可通过铅质的条形测试卡(也称分辨率测试卡)来测量。分辨率测试卡有很多种,图 2-9 所示为几种常用的空间分辨率测试卡。以图 2-9(a)的阵列式条形分辨率测试卡为例,黑条代表铅条,铅条的宽度和两铅条之间的空间宽度相等,两者组成线对。铅条两边用低 X 射线吸收率的塑料材料封装起来。把分辨率测试卡放在输入屏上,用较低千伏级的 X 射线成像后,能分辨的最高空间频率就是系统的测试卡分辨率指标,即每毫米的线对数。因为空间分辨率在图像边缘时受聚焦效果的影响有所下降,通常以视野中心为其标称值(即最佳空间分辨率)。像增强器的分辨率要低于胶片的分辨率。

 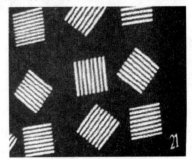

(a)阵列式条形分辨率测试卡　　　　　(b)块状条形分辨率测试卡

图 2-9　几种常用的空间分辨率测试卡

(c)锥形分辨率测试卡

续图 2 - 9

4. 空间的不均匀性

由于图像增强器在视野内的不同区域具有不同的亮度增益,因此通常均匀物体的图像中心区域的亮度较周边区域亮度高,这种效果也被称为晕影,但在无损检测时并不作为主要的性能评价参数。

5. 空间失真

所有的图像增强器在视野中不同区域的图像放大倍数不可能相同,因此图像增强器就不可能完全真实地再现工件的空间关系,其中"枕形"失真是最主要的。但随着图像增强器技术的进步,只要其周围磁场不大,几何失真在大部分情况下可以忽略。

2.2.4　线性二极管阵列

线性二极管阵列(Linear Detector Array,LDA)是利用 X 射线闪烁晶体材料,如单晶的 $CdWO_4$ 或 CsI(TI)直接与光电二极管相接触制作而成的射线线阵探测器。单晶体被切成很小的块,形成图像中离散的像素。LDA 典型的构成是荧光层(一般由磷组成,如钆氧硫化物),这层荧光被涂在光电二极管的单一阵列上。被检测的对象以恒定的速度对准 X 射线束移动,X 射线穿透被检测对象到达荧光屏,产生的大量光子撞击屏幕发射出明亮的可见光线,通过光电二极管将这些光线转化为电子信号,图像处理器将电信号进行数字化,累积的数据线被组合成传统的二维物体的图像,显示在计算机显示器上。

20 世纪 80 年代,LDA 主要用于医疗目的的计算机断层扫描系统(CT),目前该技术已经被广泛应用于食品中异物检测、工业无损检测(NDT)和安全检查等领域。LDA 正朝着快速扫描的方向发展,由于已经没有瓶颈问题的制约,因此其达到了很高的发展水平。另外,现场可编程门阵列(FPGA)、数字信号处理器(DSP)和逻辑电路的应用为高性能探测器的出现创造了必要的条件,使其针对具体应用优化更加容易。

2.2.5　影像板

20 世纪 70 年代,科学家发明了 CR 技术,CR 系统的关键部件是可重复使用的存储屏,又称为影像板(Imaging Plate,IP)或成像板,它是既可以接受模拟信号,又能实现模拟信号数字化的软件。在成像过程中存储隐藏的 X 射线或 γ 射线能量的图像。当 IP 被激光以特殊的频率扫描时,将释放出与曝光量等比例的光线,在扫描的同时,光电二极管阵列采集该光线,并且将其转化成数字值,经过优化处理后,以二维图像的形式显示在计算机的屏幕上,存储在板上的图像可删除,因此该存储板能够被重复使用几千次。

1. 结构

作为 CR 系统的重要器件,IP 承担着信息采集和记录的作用。IP 结构简图如图2 - 10 所示,它主要由以下几部分组成。

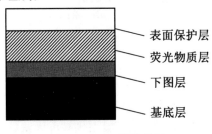

图 2 - 10　IP 结构简图

（表面保护层
荧光物质层
下图层
基底层）

（1）表面保护层。

表面保护层一般采用聚酯树脂类纤维制成的高密度聚合物硬涂层,厚度为 0 ~ 10 μm,由于保护层会引起辐射信号的衰减,因此不同用途的 IP 有不同厚度的保护层,在弱辐射探测中可以使用不带保护层的 IP。保护层可防止荧光物质层免受损伤,保护 IP 耐受机械磨损,免于受化学清洗液腐蚀,使其耐用性高、使用寿命长。在使用阅读器处理 IP 时应注意不要强力弯曲以保障其寿命。

（2）辉尽性荧光物质层。

辉尽性荧光物质层通常厚为 50 ~ 180 μm,由辉尽性荧光物质与多聚体溶液混匀,均匀涂布在基板上,表面覆以保护层构成。

这种感光聚合物具有非常宽的动态范围,对于不同的曝光条件有很高的宽容度,在选择曝光量时可以有更多的自由,从而可以使一次拍照成功率大大提高。在一般情况下只需要一次曝光就可以得到全部可视的判断信息,而且相对于传统的胶片法来说,它的 X 射线转换率高,需要的曝光剂量也大大减少,可少至传统胶片法的 5% ~ 20%。

（3）基底层（支持体）。

基底层既是辉尽性荧光物质的载体,又是保护层,多采用聚酯树脂做成纤维板,厚度为 200 ~ 350 pm。基底通常为黑色,背面常加吸光层（图2 - 10 中的下涂层）。

2. 特点及应用

当荧光物质初次被 X 射线激发时,能量信息将以潜影的形式保存下来;当其遇到第 2 次激发时,潜影信息再以荧光的形式释放出来,这种现象称为光致发光,这种荧光物质称为辉尽性荧光物质。

IP 的优点是可弯曲、便携和可直接代替胶片;缺点是需要一个中间步骤,即把隐藏在板中的信息读取出来,以便显示和解释。但是和胶片不同,IP 读出时间少于 1 min,也没有化学药品和化学废物。

2.2.6　平板探测器

薄膜晶体管(Thin Film Transistor, TFT)(也称平板)探测器出现于 20 世纪 90 年代,并首先应用于医学领域,然后才转移到无损检测领域。该装置是由薄胶片半导体探测器组成并以像素表示的棋盘状二维阵列,每个像素的宽度和长度以人头发的尺寸为单位,当 X 射线曝光时,每个像素采集和存储电荷,且每个像素都可被数字化,因此以二维图像显示在显示器上,X 射线平板探测器如图 2 - 11 所示。根据 X 射线能量的转换方式与电荷采集方式的不同,平板探测器可分为间接转换式非晶硅平板和直接转换式非晶硒平板两种,其结构简图如图 2 - 12 所示。

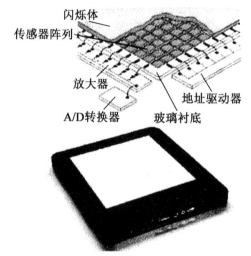

图 2 - 11　X 射线平板探测器

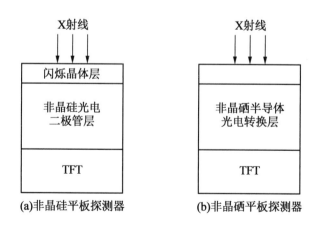

图 2 - 12　两种平板探测器的结构简图

非晶硅平板探测器的结构采用了 X 射线闪烁体加光电二极管模式,它的闪烁体层通常采用掺铊的碘化铯 CsI 晶体,用于将接收到的 X 射线光子转换为可见光,可见光沿着

CsI 针状晶体传到光电二极管上,光电二极管因光的照射而产生电流,该电流在光电二极管上累积而形成电荷。电荷量正比于对应该光电二极管的范围内入射的 X 射线剂量,就完成了将 X 射线的剂量信息转变成数字信息,一个光电二极管所占范围就是构成整幅影像的最小像素单元。采用闪烁体潜在的问题在于转换光的扩散降低了图像的锐利度和空间分辨率。为了解决这个问题,一些间接转换探测器应用了单晶针状 CsI 晶体,将其与探测器表面垂直排列,单晶体的直径为 5 ~ 10 μm。转换光在针状单晶体中形成全反射,大大降低了闪烁体对光的扩散,而光扩散的降低反过来允许使用较厚的闪烁体层,由此也就提高了探测器系统的量子探测效率。

非晶硒平板探测器包括一个非晶硒半导体光电转换层,由于该硒层能够直接将光电子转换成电子而不需要荧光物。X 射线光子与非晶硒半导体光电转换层作用产生电离电荷,这些电荷直接聚集在 TFT 集电极,经电荷放大器输出。非晶硒具有极好的 X 射线探测性质,并且具有非常高的空间分辨率,所以得到了广泛使用。为了提高非晶硒半导体光电转的层探测效率,减少电离电荷在半导体中的渡越时间,每次曝光之前,要给非晶硒半导体光电转换层加上一定的反向偏置电压。X 射线曝光时,在电场作用下硒层内产生的离子对以接近垂直方向传到硒层的两个表面,不存在光的扩散。电子聚集于 TFT 的集电极,并在此存储直到被读出。

2.2.7　CMOS 线性阵列

与大多数数字技术一样,数字射线是个快速发展的领域,每年都有新的探测器进入市场。如互补金属氧化硅(CMOS)线性阵列,类似线性二极管阵列,该装置采用多元件的单一纵向阵列,但是每个元件有其独立的读出放大器。为了避免 X 射线直接照射对内置的电子影响,元件被屏蔽起来,通过光纤束连接到对 X 射线灵敏的荧光部位。互补金属氧化硅元件将发射的光信号转换成数字电子信号,然后显示在监视器上。

与线性二极管阵列一样,该技术也是柔性很大,然而与传统的线性二极管阵列相比较,互补金属氧化硅线性阵列提供了更高的精度和空间分辨率。因为互补金属氧化硅要求探测器与被测对象之间相对运动,成像时间一般没有非晶硅探测器快,但是比非晶硒速度快。

2.2.8　X 射线管道爬行器

X 射线管道爬行器是在管道敷设工程中对管道的对接焊缝进行全向 X 射线拍摄的专用设备,如图 2 - 13 所示。用一个牵引小车将周向 X 射线探伤机带入管道内部,当周向 X 射线探伤机的射线发射窗口对准焊缝位置时,通过遥控使其按照设定的曝光电压和曝光时间对管道的对接焊缝进行曝光。采用周向 X 射线探伤机在管道内部中心进行曝光,焦距短、单壁投影,一次曝光即可完成整道焊口的曝光,与定向 X 射线机在外部双壁投影的方法相比,工作效率能够提高几十倍。X 射线管道爬行器在管道内部的运动是由管道外部的指令源或无线电控制箱进行控制的,以完成前进、后退、停止、曝光等动作。

在石油工业领域,要求对管道的对接焊缝进行 100% 射线检测,总检测量将达 15 万道口以上。如果仍然采用国内惯用的施工手段,即定向 X 射线机双壁单影法检测,无论从施工速度、人员数量还是造价上,都完全不具备竞争能力。唯一可行的办法就是采用 X 射线管道爬行器拍片,而壁厚及标准的原因,导致 γ 射线管道爬行器在此难以适用,因此只能采用 X 射线管道爬行器,它采用内曝光方式,具有底片质量好、速度快等优点。

　　X 射线管道爬行器主要由机械行走部分、射线发生装置、定位传感器、逻辑控制器、电源及管道外部的遥控定位用指令源等组成,它是一种自动化 X 射线产生装置,由机械行走部分带动 X 射线产生装置在管道内部行走,在管道外的对接焊缝处贴 X 射线专用胶片和标记,通过与管道外部遥控装置的配合,可以在管道内定位及曝光,从而对管道的对接焊缝进行 X 射线透照,实现对管道对接焊缝的无损检测。另外,还可以通过遥控控制爬行器的前进、后退、休息等动作。

图 2 - 13　X 射线管道爬行器

2.3　常用的 X 射线成像检测系统

2.3.1　荧光透视成像系统

　　第一代荧光透视接收器是一块平板荧光屏。由 X 射线管发出的 X 射线穿过人体投射到荧光屏上,荧光屏将入射的 X 射线能量转换成可见光。由于人体不同的组织对 X 射线的衰减不同,因此穿过人体后的 X 射线强度也不同。这样,就能在荧光屏上看到与各种组织结构对应的明暗阴影。医生除了可用它来观察组织的形态、位置外,还可以观察脏器的运动,这是透视检查方法的一个优点。

　　平板荧光屏透视检查方法的主要缺点是屏的亮度比较低,使得医生观察起来比较吃力。放射科医生在进行透视工作前,一般要在黑暗环境中待 15 min 左右才能使自己的眼睛适应黑暗环境。即使这样,在屏上可观察到的信息也比同一病人的 X 射线照片要少。

　　为了解决荧光屏亮度低的问题,现代 X 射线成像系统中都采用了影像增强管。影像增强管的引入是透视 X 射线成像系统的一项重大改进。图 2 - 14 所示为影像增强管的剖面图。

在影像增强管中,X 射线的输入荧光屏(一般用碘化铯材料)和一个光电阴极紧密相接。入射 X 射线与荧光屏作用后产生可见光,可见光又使光电阴极产生电子,这些电子经过一个透镜系统加速并聚焦到输出荧光屏上。输入荧光屏的直径为 150 ~ 550 mm。输出屏的直径为 16 ~ 35 mm。输出面积减小及电子加速等原因使亮度的总增益达到 5 000 倍。

荧光屏是一种无源器件,它只能将吸收的部分 X 射线能量转换为光能;而影像增强管则是一个可以在转换过程中增添能量的有源器件。影像增强管所产生的图像比荧光屏图像要亮得多,质量也要好得多,其图像可以在明室中观察。由于输出屏较小,因此可以设计一个光学透镜系统来观察,但这种观察仅限于一个人,除非使用特殊的附加装置。

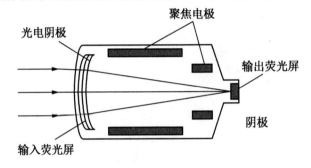

图 2 – 14　影像增强管的剖面图

2.3.2　胶片成像系统

X 射线胶片成像无损检测方法已经有上百年的历史了,它是应用最广泛和最基本的检测方法,目前在实际应用中仍然占有主导地位。胶片摄影与 X 射线透视最大不同在于用摄影的胶片替代透视的荧光屏,入射的 X 射线在胶片上形成潜影,然后经过显影定影处理将影像固定在胶片上。由于直接使用 X 射线对胶片曝光效率比较低,因此在实际应用中使用屏 – 胶系统作为成像系统的接收器,这种接收器是由涂上感光乳剂的胶片和与它紧密接触的一个或两个荧光增强屏组成的。

无论是胶片直接成像还是屏 – 胶结合成像,最终都通过胶片记录 X 射线图像,统称为胶片成像。胶片成像的分辨率由具有感光特性的卤化银晶体尺寸决定,相比于数字化 X 射线摄影方式,它的最大优点是可以获得更高的空间分辨率,所以在一些对分辨率要求较高的场合,仍然习惯使用胶片以观察更加细微的缺陷与结构信息。

胶片成像从根本上说是一种模拟成像技术,在摄影过程中需要严格掌握曝光的强度,因为记录仪的动态范围很小,在胶片上形成的影像很难做进一步的处理。而且,为了获得照片必须使用暗盒与配套的冲洗设备,操作过程也比较复杂。

胶片成像最大的缺点是不能满足实时成像、实时检测与评估的要求。其次,胶片作为一种昂贵的银基影像载体,仅仅使用一次,对于内部结构错综复杂的产品,需要使用大量胶片在多个方位下拍片后再人工判读,检测周期长、成本高。而且,冲洗过程费时费事,同时还必须使用危险的化学物质。在胶片的保存和管理上,又受保存年限的限制并且不像电子档案那样易于交换和管理。

2.3.3　CR 成像系统

20 世纪 70 年代,菲利浦公司开发出了成像板(IP),但没有应用到 X 射线机上。直到 1981 年日本富士胶片公司率先研制开发出用于 X 射线成像的 IP,CR 技术才应医学上的需求而发展起来,首先实现了 X 射线的数字化成像。因此,不管是在国外还是在国内,医学上对其研究和应用得比较多,如 CR 技术图像处理技术研究、CR 技术在人体骨骼与乳腺检测上的应用等。近年来,由于制造 IP 技术的提高,因此 CR 成像技术快速发展,其实际应用范围越来越广,特别是在医学上,已基本取代胶片照相。

由于检测对象的不同,因此射线 CR 技术在工业上的应用要落后于其在医学上的应用,随着 CR 技术的发展,如通过各种技术手段和优化处理方式(如 IP 中磷光物质颗粒度越来越小、CR 扫描仪性能越来越好)提高射线 CR 成像质量,使之与胶片成像质量更为接近。国外正逐步将 CR 技术引入工业领域,欧洲在 2005 年颁布了 CR 工业检测标准——EN14784 标准,美国也在 2005 年颁布了 ASTME2445 和 ASTME2446 标准,为 CR 技术工业检测应用提供理论规范指导,保证 CR 实际工业检测的成像质量。

CR 成像系统主要由 4 部分构成:以 IP 为主体的信息记录和采集单元、影像扫描读取装置、计算机图像处理单元和存储器件。图 2-15 所示为对一平板工件焊缝检测的 CR 成像系统结构框图。

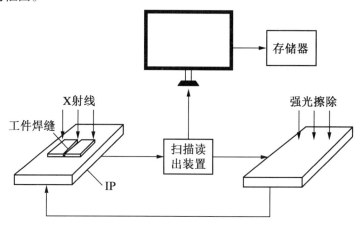

图 2-15　对一平板工件焊缝检测的 CR 成像系统结构框图

射线 CR 系统成像的基本原理是:当 X 射线束经过工件衰减后,以不同强度照射在 IP 上,形成潜影信息,完成 X 射线能量信息的存储;然后将 IP 送入计算机 X 射线激光扫描仪中进行扫描读取,使存储信号转换成荧光信号,再用光电倍增管转换成电信号,经 A/D 转换后,输入计算机处理,形成高质量的数字图像,数字图像在计算机中进行图像处理后输入存储器保存起来。经读出装置扫描读取后的 IP 还有部分残余信息,在重新使用 IP 前,可用擦除器中的强光将残余信息擦除。其中,作为关键过程的 IP 扫描成像过程示意图如图 2 – 16 所示。

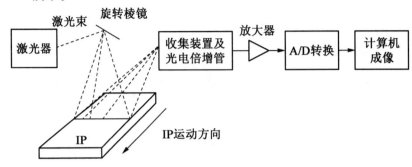

图 2 – 16　IP 扫描成像过程示意图

目前 A/D 转换的精度已经很高,位数可高达 20 位,转换速度也比较快,转换时间一般为 10 μs,最快的不超过 1 ns,所以 IP 的信噪比可以与完美的增感屏——胶片系统相比拟。IP 最显著的特性是具有很大的动态曝光范围,在这个范围里可以得到恒定的量子探测效率值(DQE)。此外,CR 系统以其 IP 动态范围大、灵敏度高、系统空间分辨率高、IP 可弯曲、承受高能射线的能力强、系统易实现等特点引起人们的重视。

但是,CR 成像仍然不是一种实时数字成像,成像过程中需要将 IP 取出后送入读出装置。读出装置依赖于激光扫描方式,存在机械移动误差和激光散射等问题,从而降低了成像质量和工作效率。

2.3.4　DR 成像系统

X 射线数字成像 DR 检测系统是在透视成像检测基础上发展起来的,是利用数字化技术,将透射图像转换为便于计算机处理的数字图像,而后进行图像处理分析和识别,得到检测结论,根据成像器件的不同,DR 检测系统分为基于图像增强器的检测系统、基于转换屏的成像检测系统、线扫描 DR 成像检测系统以及近几年发展起来的基于平板探测器的 DR 成像检测系统。工程应用中,基于像增强器的 DR 成像检测系统因其便于集成、性价比最佳而居于主流地位。

射线实时成像检测技术早期采用荧光屏实时成像。20 世纪 70 年代后,图像增强器 X 射线实时成像系统进入我国。X 射线穿透材料后被像增强器接收,将不可见的 X 射线检测信号转换为光学图像,经摄像机摄取,在电视屏幕上显示出材料内部缺陷的性质、大小和位置等信息。

照相技术、射线可见光转换技术、光电成像技术、数字图像处理技术的发展和渗透,尤其是 20 世纪 80 年代初,工业射线电视及工业 CT 的出现,使 X 射线成像检测发展到了一个全新的时代。此后,国内一些大型企业引进了多达几十套的国外射线实时成像检测系统,用于人工判读的产品在线检测。随着电子及计算机技术的发展,从国外引进的图像增强器 X 射线实时成像系统普遍增加了图像处理功能,即摄像机输入的视频信号经 A/D 转换后输入计算机进行图像处理,在显示器上显示图像。随着数字图像处理技术和实时成像技术在射线成像检测技术中的应用,射线数字成像检测技术日趋成熟,它能实时获取被检产品内部结构的图像,方便地提取图像和被检构件的信息特征。

图 2-17 所示为开放式 X 射线 DR 检测系统组成框图。系统主要由射线室和控制室两部分组成,射线室中主要安放成像系统:X 射线源、四轴(前后、左右、上下、旋转 4 个自由度)开放式检测工作台、X 射线像增强器(成像器件可以根据实际需要更换为线阵探测器、平板探测器等);控制室中主要安放图像采集系统、计算及处理单元、输出系统、监控系统以及对射线源、X 射线像增强器和四轴开放式检测工作台的机电驱动系统。

被检测工件由四轴开放式检测工作台上的专用夹具装置,根据工件内部具体检测位置与方位的要求,通过计算机控制四轴开放式检测工作台做平移或旋转调整,直到工件内部被检测目标能清晰地呈现在射线图像中。

由于物体内部构件的厚度与密度不同,对射线强度产生的衰减也不同,因此形成具有不同能量分布的透照射线图像,再经闪烁晶体屏转换为可见光图像,X 射线像增强器将这个携带了工件内部结构信息的可见光图像增强放大后输出给后续数字采集电路,转换为数字图像,最终送往计算机进行分析处理并输出检测结果。

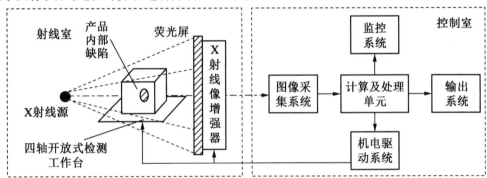

图 2-17　开放式 X 射线 DR 检测系统组成框图

作为一种真正意义上的数字 X 射线成像技术,该系统具有以下特点。

(1)可以实现实时成像、实时检测与同步监控等。

(2)成像精度高、动态范围大、灵敏度较低、空间分辨率相对较差。

(3)对于机械系统的控制,只需要计算机传送远程控制命令,通过内部预置有机械控制指令的多轴控制卡实现对机械系统的精密操作,控制四轴开放式检测工作台实现对工件的前后、左右、上下平移及旋转等操作从而实现对工件的全检测。

(4)把工人操作控制室与射线成像系统分离开来,可起到很好的对射线的辐射防护作用。

X 射线 DR 检测技术已成为当今工业无损检测领域中重要的检测技术之一,且作为一种实用化的检测手段,广泛应用于航天、航空、军事、核能、石油、电子、机械、新材料研究、海关及考古等多个领域,特别是在实现生产线大批量产品检测中得到了广泛的应用。

2.3.5　CT 成像系统

工业 CT(Industrial Computed Tomography, ICT)即工业计算机层析成像技术,是通过

被检工件不同方向的射线投影重建工件断层图像的一种技术,该技术能够给出工件内部的密度,有无缺陷,缺陷的大小、形态及空间位置等信息。与 DR 图像相比,CT 图像更能准确判读构件内部的结构状态。

20 世纪 70 年代初,国际上首台 CT 由英国 Houndsfield 教授的团队研制成功,并应用于人体头部检查,开创了用 CT 进行医学诊断的先河。这项成就令 Houndsfield 教授和美国的 Cormack 教授一起获得了 1979 年的诺贝尔生理学奖。其后,CT 获得了蓬勃发展和广泛应用。70 年代末期,随着科学技术的发展,各工业领域的科学家意识到 CT 作为工业无损检测手段的可能性、重要性、迫切性及发展前景,发达国家竞相开展 CT 技术的工业应用研究。从 20 世纪 70 年代末期到 80 年代中后期,工业 CT 的研制大体上经历了实验装置、低能 X 射线工业 CT 中能 γ 射线工业 CT、高能电子直线加速器工业 CT 的过程。

图 2 – 17 所示的开放式 X 射线 DR 检测系统,一次拍摄可得到工件的一个二维投影。如果控制该系统的四轴开放式检测工作台做高精度间歇式旋转,获取物体在 360°范围内一系列不同角度的二维投影后,采用相应的图像重建算法,即可重建出物体的断层图像。

图 2 – 18 所示为基于数字平板探测器的射线成像系统。其中图 2 – 18(a)所示为成像系统的基本硬件组成单元模型,图 2 – 18(b)所示为该系统的分块框图。该成像系统仍然主要包括 X 射线源、检测工作台(计算机控制检台)、平板式探测器、图像处理工作站及机械控制等几部分。

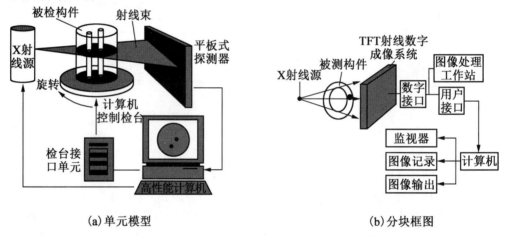

(a)单元模型　　　　　　　　　　　　(b)分块框图

图 2 – 18　基于数字平板探测器的射线成像系统

CT 重建算法是 CT 系统中的核心部分,采用不同的重建算法对相同的投影数据重建出的 CT 图像效果不同。迄今,不管对二维 CT 重建还是对三维 CT 重建,滤波反投影是最常用的算法,该算法重建图像质量高,主要由乘加运算实现,易于做成硬件,设计成流水线作业方式的专用图像处理机。尽管如此,关于算法的研究却从未停止过,每年至少有上百篇论文涉及 CT 的算法问题。二维图像重建算法多达十几种,大致可分为变换法和迭代法两类。变换法(即解析法)以 Radon 理论为基础,基本含义是:任何二维分布能够通过其分布的多组线积分得到重建。迭代法是通过对初始假定图像进行数学迭代运算重建二维图像,这种算法主要用于有限投影数据重建。三维 CT 图像重建技术自 CT 广泛应用以来一直是人们研究的课题,可分为多幅二维 CT 图像堆积、真三维 CT 图像堆积、三维图像的重建技术和直接从二维投影数据重建三维图像的真三维 CT 重建技术。

第3章 X射线图像质量的影响因素

X射线图像质量直接影响着对被检物体的缺陷类别、大小的识别。检测设备的性能、检测环境、操作水平等每一环节都可能会引入噪声,进而引起图像质量的下降,因此分析成像过程中各个环节对成像质量的影响并寻求校正方法,对提高成像质量非常重要。影响X射线成像质量的主要原因包括:X射线源焦点尺寸、X射线管的管电压和管电流、焦距、投影放大率、散射线、器件噪声等。

3.1 决定检测图像质量的三个因素

射线实时成像检测系统图像质量的主要指标有二项,即图像对比度、图像不清晰度和图像分辨率。其中,图像对比度主要取决于采集卡和成像器的功能;图像不清晰度取决于焦点尺寸、焦点至工件表面距离(相距)、工作表面至成像面的距离(物距)和放大倍数等;图像分辨率主要取决于像素的大小。

3.1.1 图像对比度

图像对比度可描述图像相邻区域灰度的差异程度,它是识别图像的重要参照系。在检测工件上如果存在厚度差或工件中存在与母材密度不同的区域(即缺陷),射线透照工件后,在检测图像中缺陷影像与其周围背景呈现灰度的差异,这就是检测图像的对比度,对比度高时表征缺陷容易识别。为了检出细小缺陷,获得较高的检测灵敏度,应提高图像对比度。

在射线数字检测中,显示的图像是黑白图像,黑白之间为灰色。图像中某一点(像素)的明暗程度称为灰度。图像灰度值单位简称"级"。图像灰度范围由 A/D 转换采集卡或直接成像器所赋予。例如,采集卡或成像器为 8 bit($2^8 = 256$)时,假设图像中全白时为 0 级,全黑时为 255 级,则图像的黑白范围为 256 级。在黑白之间的级别为灰度级。其实,图像太白或太黑都不利人眼观察,应该将图像的有效灰度级控制在一定范围内,这个范围称为动态范围。

随着图像采集卡或成像器功能的不断提高,所赋予图像的灰度位数(bit)也在增大,目前能够达到 10 bit($2^{10} = 1\,024$)、12 bit($2^{12} = 4\,096$)、16 bit($2^{16} = 65\,536$)。如将有效灰度控制在80%之内,则图像的动态范围分别为819、3 276、52 428 灰度级。图像动态范围越大,则图像表现明暗层次更加分明和细腻,细小缺陷就更易识别,检测灵敏度就越高。图像(灰度)动态范围的提高,主要来自于图像采集卡或成像器功能的提高,虽然它们的价格会增加,但性价比也大幅提高。

在 DR 检测中,当透照较厚工件或较大厚度差工件时,采用较高位数(如 12 bit)或更高位数(如 16 bit)的成像器进行检测,在射线能量(管电压)不变的条件下,采用大的射线强度(mA)进行透照,可获得不同层次范围的缺陷。这是射线数字成像(DR)检测的明显优点。

3.1.2　图像不清晰度

在实际工业射线照相中,造成影像不清晰有多种原因,其中影响图像不清晰度 U 的主要因素包括两方面,即几何不清晰度 U_g 和荧光屏的固有不清晰度 U_s。几何不清晰度除了相关于焦点尺寸,还相关于所选用的放大倍数。如果焦点尺寸为 d_f,焦点至工作表面距离 L_1,射线源至成像平面的距离为 F,则定义放大倍数 M 为

$$M = F/L_1 \tag{3-1}$$

则可导出几何不清晰度 U_g 为

$$U_g = d_f \times (M-1) \tag{3-2}$$

荧光屏的固有不清晰度取决于荧光物质的性质和颗粒、荧光屏的厚度和荧光屏的结构。对于一种荧光屏可认为具有固定的不清晰度。

图像总的不清晰度 U 为

$$U^3 = U_g^3 + U_s^3 \tag{3-3}$$

3.1.3　图像分辨率

为了更好地描述图像清晰度,在检测理论中引入分辨力的概念。分辨力表述为显示影像中细小线条人眼能分辨清楚的程度,通常用两线条的分离程度表示;两线条能分开表示图像清晰,两线条重叠表示图像不清晰;两线条的间距表示图像清晰度。

在射线胶片照相检测中,检测结果的载体是照相底片,构成底片影像的基本单元是银团颗粒。单个感光颗粒显影产生的黑色银团颗粒不大于 0.01 mm,甚至更小,远低于人眼可见的界限,因此底片清晰程度是不言而喻的,在底片质量中往往不直接测量影像不清晰度,例如在 JB/T 4730.2 检测工艺中通过诺模图确定焦点至工件表面最小距离即可。然而,在射线数字成像检测中,构成影像的基本单元是像素,像素的大小用点距表示。在一定宽度范围内排列像素越多表示点距越小,图像越清晰。显示器的点距通常为0.28 mm、0.25 mm、0.21 mm、0.16 mm,或者更小。尽管像素尺寸能够做到很小,但都远远大于胶片银团颗粒尺寸,图像清晰程度会受到较大的影响,所以图像分辨力也是影响图像质量的一个重要因素。单位宽度范围内的分辨力称为分辨率。

分辨率在图像学中是个多元化的概念,在射线数字成像检测中分辨率的单位是线对数每毫米(Lp/mm)。线对由两条线条组成,线条的间距等于线条的宽度。图像分辨率可用分辨率测试卡(或其他测试器具)客观地测出。图 3-1 所示为典型的分辨率测试卡。

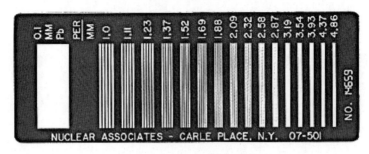

图 3 - 1　典型的分辨率测试卡

图像清晰度和图像分辨率从概念来说,虽然两者表述的侧重点各有不同,一个是客观的描述,一个是主观的描述;一个是边界半影的宽度,一个是两线条间的间距,但是它们界定的都是图像细节的清晰程度和分辨能力,所表达问题的本质是一样的,可以说图像清晰度和图像分辨率是"一个问题的两种表述"或者说是"一个问题的两个方面",它们之间必然存在一个换算关系。分辨率可用分辨率测试卡客观地测出,单位是 Lp/mm,图像清晰度(或不清晰度)的单位是 mm。图像清晰度与图像分辨率的对应关系是"互为倒数的二分之一"。有了这一换算关系就能很好地计算系统不清晰度、图像不清晰度及最佳放大倍数。

我国制定的有关射线数字成像检测的检测工艺对系统分辨率和图像分辨率做出了规定:成像系统和图像检测的分辨率均应不小于 3.0 Lp/mm。

3.2　X 射线源焦点尺寸对图像质量的影响

X 射线源在 X 射线成像中起着很重要的作用,X 射线源本身的尺寸等参数直接影响成像质量,因此研究 X 射线源对图像质量的影响很有必要。

焦点尺寸直接影响图像清晰度和对比度,为了提高系统监测灵敏度,射线源焦点尺寸越小越好。由于微小的焦点发热量大,如果冷却不好,焦点很容易烧坏,因此焦点尺寸在冷却效果好的情况下,选择的越小越好。

然而,在实际工业检测和实验室检测中,只有一套设备,焦点的大小自然是确定的,只需要注意通风散热即可,一般 X 射线机会自带风扇,实验室也应该安装换气扇。另外注意,不能让 X 射线机持续工作较长时间。

3.3　管电压、管电流对图像质量的影响

X 射线管的电压选择是透照过程中重要的工艺参数。在其他条件一定的情况下,管电压与射线能量成正比,管电压越高,射线能量越大,波长越短,射线穿透能力越强。

管电压的选择原则:在允许的情况下,应尽量选择较低的管电压,提高工件对比度,从

而提高射线检测的灵敏度与图像质量。

实际的输变电设备往往体积比较大,外壁厚重,内部结构复杂。首先要根据检测经验与相关的透照检测工艺估算一个透照电压,然后根据所得到图像的质量再做调整,直到得到最清晰的图像为止。图 3 - 2 所示为 X 射线不同管电压的透照能力对比。

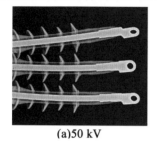 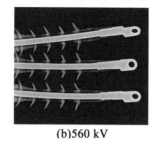 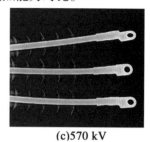

　　(a)50 kV　　　　　　　　　(b)560 kV　　　　　　　　　(c)570 kV

图 3 - 2　X 射线不同管电压的透照能力对比

X 射线管电流选择也是透照过程中重要的工艺参数。其他条件一定的情况下,管电流与射线能量成正比,管电流越大,X 射线强度越大,图像的亮度也越大,系统的灵敏度也越大。

管电流的选取原则:在焦点能承受的范围内,X 射线管应尽量选择大电流。

在实际检测中,DR 系统透照时间一般设置成 2 s,采集 4 次的图像进行叠加,焦距也是初始设定。GE 公司的 DR 检测系统最大功率为 900 W,最大透照电压为 300 kV,最大管电流为 3 mA。一般设置管电流为 3 mA,在有安全防护措施下,如果想增大曝光时间,可调小电流,以免焦点处温度过高。图 3 - 3 所示为 X 射线不同管电流的透照能力对比。

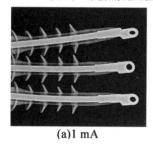 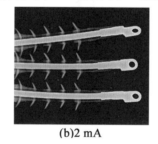 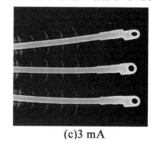

　　(a)1 mA　　　　　　　　　(b)2 mA　　　　　　　　　(c)3 mA

图 3 - 3　X 射线不同管电流的透照能力对比

X 射线的总强度与管电压的平方、管电流成正比,如果采用高电压、高电流进行检测,所需的曝光量就必然小。管电压的变化直接影响影像的对比度、分辨率等。为了提高射线检测的效率并保证 X 射线的检测质量,必须同时考虑管电压与管电流的用途与关系,选择合适的管电压与管电流。

3.4　焦距对图像质量的影响

焦距在成像系统中也起到重要作用。因为 X 射线是从焦点发射出来的锥状体,穿过被检工件在成像板上检测到信息。

利用射线进行透照时,存在几何放大效应。X 射线成像尺寸示意图如图 3 - 4 所示,X 射线源离成像板的距离(焦距)为 S_1,工件 Z 离成像板的距离为 S_2,射线经过工件 Z 后,在成像板上形成图像 Z_1。显然,当 S_2 增大时,像尺寸 L_1 也随着增大,放大效应加剧;而当 S_2 减小到 0 时,工件尺寸与像尺寸相等,放大效应消失。因此,利用 DR 技术对电力设备进行检测时,应尽量使工件靠近成像板,以减小因放大效应带来的图像失真。

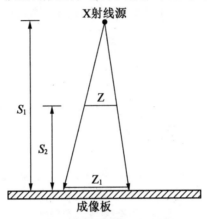

图 3 - 4　X 射线成像尺寸示意图

一般情况下,被检工件并不是紧贴成像板,因此在工件的边缘并不是垂直照射,而是会存在边蚀效应。在工件被选定的情况下,焦距的最小距离为 600 mm,才能保证 X 射线覆盖整个成像板,焦距越小,边蚀效应越明显,不仅会影响成像质量,还会影响对相关缺陷的判定。理论上焦距越大,射线透照时与工件的垂直度越好,然而焦距过大时需要加大管电压才能保证照射工件所需的射线强度,因此选择合适的焦距至关重要。现实测量物距时只是简单测量了工件至成像板表面的距离,而事实上成像板表面和实际成像面之间有一段距离。这样在小尺寸缺陷检测时,计算不清晰度时会有较大误差,影响图片质量。因此精确确定物距在提高射线照相灵敏度上有重要意义。

3.4.1　理论研究

为了计算照相的不清晰度,设 L_1 为相距,L_2 为实际物距,d_0 为成像板表面到真实成像面的距离。其中 d 是确定的,L_1 可以测量,L_2 可以通过计算得到。测量物距原理图如图 3 -5 所示。

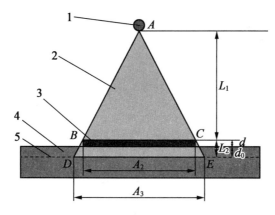

图 3 - 5　测量物距原理图

1—X 射线源;2—射线映射范围;3—被测量物体;4—成像板;5—真实成像面。

根据三角形相似的几何关系可得

$$\frac{A_2}{A_3} = \frac{L_1}{L_1 + L_2} \tag{3-4}$$

同样根据几何关系可得

$$d_0 = L_2 - d \tag{3-5}$$

由式(3 - 4)和式(3 - 5)可得

$$d_0 = \frac{A_3 \times L_1}{A_2} - L_1 - d \tag{3-6}$$

得到 d_0 后,在以后的照射过程中可以更加精确地得到物距,从而计算出射线照相的几何不清晰度。

3.4.2　实验研究

能够分辨清楚图像细节的能力称为分辨力,单位宽度内的分辨力称为分辨率。由于不同型号的 X 射线机在不同参数下成像质量不同,因此要确定 X 射线机的最小分辨率。本实验首先采用检测工艺阶梯试块来制作出 X 射线机的曝光曲线,从而针对某特定受检部件更方便地选取曝光参数。

X 射线穿过物质时,强度的衰减主要取决于物质的种类及厚度。所以制作曝光曲线时,采用材质相同的厚度呈等差排列的阶梯试块,范围为 2 ~ 20 mm,可以得到透照厚度、管电压、管电流、曝光量之间的相互对应关系的曲线。选择 2 ~ 20 mm、每个阶梯相差 2 mm 的阶梯试块,10 mm 的辅助垫块一块,20 mm 辅助垫块一块。在不同厚度和不同电流、电压下做 54 次实验。从结果中可以看出,在不同电压、电流参数下可以照射清楚不同的试块厚度。

根据被检测工件的材质和厚度范围选择 X 射线机的能量范围,并应留有一定的能量储存。

设定电流、电压和曝光时间对成像板进行空照,结果如图 3 - 6 所示。

通过测量得知照片的长度为 410.43 mm,在误差范围内,因此可得出系统本身对图像尺寸的误差可以忽略不计。

为了减少实验误差,分别对检测工艺面积为 $A_1 \times A_1 = 100\ mm \times 100\ mm$,厚度 d_1 为 5 mm、20 mm、40 mm 的试块进行透照。实验时需要注意把成像板垂直于地面放置,是为了减少试块自身重力挤压成像板而对实验结果产生影响。

设定相距为 $L_1 = 850\ mm$、物距为 L_2。首先对 5 mm 的试块进行照射,根据上述实验结果设定电流为 1 mA、电压为 100 kV,得到结果如图 3-7 所示。

图 3-6　成像板空照图　　　　　　　图 3-7　5 mm 试块成像图

首先,根据测量结果得到图像 A_3 的平均尺寸为 101.87 mm。代入式(3-6)可得 $d_0 = 10.895\ mm$。

其次,设定电压为 150 kV、电流为 1 mA,对厚度为 20 mm 的试块进行照射,得到结果如图 3-8 所示。

最后,设定电压为 200 kV、电流为 1 mA,对厚度为 20 mm 的试块进行照射,得到结果如图 3-9 所示。

图 3-8　20 mm 试块成像图(150 kV)　　　图 3-9　20 mm 试块成像图(200 kV)

本数字平板探测器用的闪烁体不能对高能有效地响应,并将优先响应散射,增强了边蚀效应。由于管电压越高,模糊效应越明显,因此在保证 X 射线有足够的穿透力的前提下,电压越小实验结果越准确。采用图 3-7 的尺寸,代入式(3-6)可得 $d_0 = 9.325\ mm$。

设定电压为 200 kV、电流为 1 mA,对厚度为 40 mm 的试块进行照射,得到结果如图

3 - 10 所示。

　　设定电压为 250 kV、电流为 1 mA,对厚度为 40 mm 的试块进行照射,得到结果如图
3 - 11 所示。

图 3 - 10　40 mm 试块成像图(200 kV)　　　　**图 3 - 11　40 mm 试块成像图(250 kV)**

　　同样,因边蚀效应,边长的平均尺寸为 105. 90 mm。代入式(3 - 6)可得 $d_0 =$ 10. 150 mm。

　　在尽量减少边蚀效应的影响下,为了减少测量误差,由以上的三个测量结果可得到成像板的表面到真实成像面的距离 d_0 的平均值为 10. 123mm。

　　结合 DR 成像系统的 Rhythm 软件,基于 X 射线数字成像透视检测系统,从理论上提出了计算成像板表面距离真实成像面的距离。从而可以在以后的计算中修正物距,提高计算的精确度。对以后计算不清晰度、检测系统成像质量等有重要的意义。

3.5　不同材质滤板对图像的影响

　　本书实验对象为线型像质计和厚度为 6. 4 mm、10. 5 mm 的金具。为了能够确定不同滤板对图像质量的影响,选用了 2 mm 的滤板和 4 片厚度为 0. 5 mm 的铜板作为过滤片。利用 X 射线数字成像 DR 技术来研究滤板对图像质量的影响,采用的设备名称编号及参数设置见表 3 - 1。

表 3 - 1　设备名称编号及参数设置

探伤机型号	ERESCO MF4 - 65	仪器编号	JS0146
成像板型号	DXR - 250	成像板编号	JS0147
透照方式	双壁单影	单帧曝光时间	2 s
焦距	80 mm	采集帧数	4

　　选标号为 6 - 12 和 10 - 16 的线型像质计,厚度为 6. 4 mm 和 10. 5 mm 的金具,X 射线能量较强导致线型像质计被照投无法清晰成像,因此选不同厚度的金具作为媒介,从而

采集图像。图 3 – 12 所示为线型像质计和金具。

图 3 – 12 线型像质计和金具

X 射线数字成像透视检测系统由计算机、X 射线控制器、成像板、控制电缆和数据传输电缆等组成,其实物图如图 3 – 13 所示。

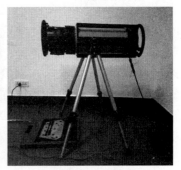

(a)计算机和控制箱   (b)探伤机和成像板

图 3 – 13 X 射线数字成像透视检测系统实物图

为了具体分析过滤板不同对图像清晰度的影响,分别选择铜、铝作为过滤板及无过滤板三种情况,随管电压、管电流和金具厚度的不同,图像清晰度变化见表 3 – 2。

表 3 – 2 图像清晰度变化

过滤板	金具/mm	管电压/kV	电流/mA	线型像质计可见
无过滤板	6.4	200	2.0	6 ~ 14
		220	2.0	6 ~ 11
	10.5	200	2.0	6 ~ 12
		220	2.0	6 ~ 12
铝制过滤板(2 mm)	6.4	200	2.0	6 ~ 14
		220	2.0	6 ~ 10
	10.5	200	2.0	6 ~ 12
		220	2.0	6 ~ 12

续表 3 − 2

过滤板	金具/mm	管电压/kV	电流/mA	线型像质计可见
铜制过滤板 (0.5 mm)	6.4	200	2.0	6 ~ 14
		220	2.0	6 ~ 11
	10.5	200	2.0	6 ~ 12
		220	2.0	6 ~ 13
铝制过滤板 + 铜制过滤板(1 片)	6.4	200	2.0	6 ~ 13
		220	2.0	6 ~ 10
	10.5	200	2.0	6 ~ 12
		220	2.0	6 ~ 12
4 片铜制过滤板 (2 mm)	6.4	200	2.0	6 ~ 14
		220	2.0	6 ~ 13
	10.5	200	2.0	6 ~ 13
		220	2.0	6 ~ 13

在管电压为 220 kV、管电流为 2.0 mA、金具厚度为 6.4 mm 的情况下,铝制过滤板和无过滤板成像质量对比,如图 3 − 14 所示。

从图 3 − 14(a)中可以看到 6 ~ 10 条线条,从图 3 − 14(b)中可以看到 6 ~ 12 条线条,可知铝制过滤板成像质量优于无过滤板成像质量。这是因为铝制过滤板过滤掉了大量能量较低的软 X 射线,使得能量高、穿透力强的硬 X 射线通过,从而提高了图像的质量。

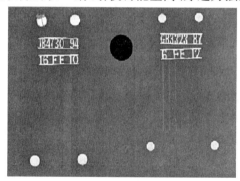 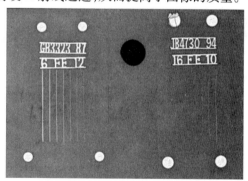

(a)无过滤板线型像质计成像图　　　　　　(b)铝制过滤板线型像质计成像图

图 3 − 14　铝制过滤板和无过滤板成像质量对比

在管电压为 220 kV、管电流为 2.0 mA、金具厚度为 6.4 mm 的情况下,铝制过滤板和铜制过滤板成像质量对比,如图 3 − 15 所示。

从图 3 − 15(a)中可以看到 6 ~ 11 条线条,从图 3 − 15 中(b)可以看到 6 ~ 13 条线条,可知铜制过滤板成像质量优于铝制过滤板成像质量。

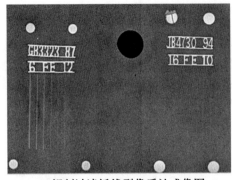 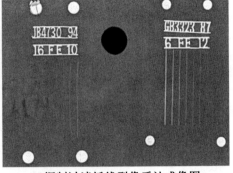

(a)铝制过滤板线型像质计成像图　　　　　(b)铜制过滤板线型像质计成像图

图 3 – 15　铝制过滤板和铜制过滤板成像质量对比

在不同过滤板 X 射线数字成像实验中,根据图像清晰度对比可以看出,在管电压、管电流、金具厚度及焦距相同的情况下,不同过滤板对 X 射线数字成像质量有一定影响,铜制过滤板成像质量效果较好。因此,X 射线机可以选择铜制过滤板来提高图像质量。

3.6　工件与 X 射线机的相对位置对图像的影响

X 射线图像的质量不仅与电流、电压、焦距等因素相关,还与检测中被检工件与检测系统的相对位置密切相关。由于缺陷位置及形状的不确定性,通常情况下,缺陷并不是在一个平面内,而 X 射线只能在透照方向做缺陷叠加,如果缺陷和射线方向平行,那么在 X 射线图像上缺陷可能不明显甚至分辨不出来,某些缺陷及位置只有在选择多个角度进行 X 射线透照时才能被检测出来,因此被检工件与 X 射线机的相对位置至关重要。

实验室做 X 射线透照实验及相关事故分析时,可以在检测设备固定的情况下,任意调整被检工件的角度与位置。而在现场的检测中,很多设备如 GIS、合闸电阻、压力容器等都是固定设备,此时需要选择合适的位置放置成像板和射线机,才能保证得到满意的射线图像。

在进行实验操作前,选取电力电缆进行不同程度和不同效果的破坏,分别使用铁锤、铁锯和铁铲进行破坏,主要目的在于通过用 DR 设备找到合适的角度对不同程度和效果的电缆损伤进行检测。

本实验用到的电缆由保护层、绝缘层和铜芯组成,本实验通过对其进行不同程度的破坏,使其分别损伤保护层、穿透保护层损伤绝缘层和损伤铜芯。这里用不同的工器具进行破坏,以区别不同程度的损伤效果。此次研究主要利用云南电力实验研究院金属研究所的基于 X 射线的电力设备数字成像透视检测系统对阶梯试块等进行透视照射,该系统由便携式 X 射线机(0.3 MeV,焦点尺寸为 3.0 mm(EN12543),1.0 mm(IEC336))、平板探测器(非晶硅,成像面积为 410 mm × 410 mm,图像分辨率 2.5 Lp/mm)、移动工作站、远程控制箱、附件等组成,X 射线检测电缆损伤位置图如图 3 – 16 所示。

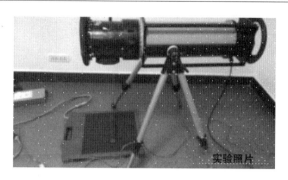

图 3 - 16　X 射线检测电缆损伤位置图

使用的 DR 设备中 X 射线发射装置的型号和检测参数见表 3 - 3，X 射线机参数见表 3 - 4（X 射线机角度是指 X 射线机与待测部位正方向的夹角）。

表 3 - 3　DR 设备中 X 射线发射装置的型号和检测参数

探伤机型号	成像板型号	透照方式	单帧曝光时间/s	焦距/mm	采集帧数
ERESCO 65MF4	DXR - 250	双壁单影	10	1 100	4

表 3 - 4　X 射线机参数

编号	角度/(°)	电压/kV	电流/mA
1	90	10	2
2	60	10	2
3	45	10	2

（1）使用钢锯轻度破坏电缆保护层的情形。

从图 3 - 17 ~ 3 - 19 的 X 射线检测电缆的实验图可以看出，当 X 射线机对电缆的轻度破坏进行不同角度的拍摄时，可知在拍摄电缆损伤时，使用 60°的拍摄角度比使用 90°和 45°的拍摄角度效果更清晰和全面。在 45°的拍摄角度时，对于轻度电缆损伤的拍摄效果更好，能清晰地看出损伤深度，且能准确判断损伤的位置。

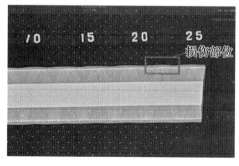

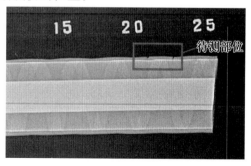

图 3 - 17　采用 90°夹角拍摄轻度损伤待测部位　　**图 3 - 18　采用 60°夹角拍摄轻度损伤待测部位**

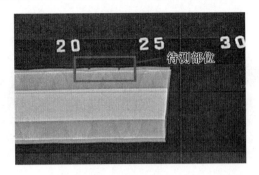

图 3 – 19　采用 45°夹角拍摄轻度损伤待测部位

（2）使用铁铲和钢锯深度破坏电缆绝缘层的情形。

从图 3 – 20 ~ 3 – 22 的拍照效果可以看出，对于较深的电缆绝缘层损伤，采用 60°夹角进行电缆绝缘层深度损伤拍照时，其成像效果比其他角度好。在绝缘层破坏时，采用 60°夹角拍摄可以更加全面地观察绝缘层损伤情况，不仅能看清电缆损伤深度，也能看出损伤的左右宽度和长度；而其他两幅图虽能看清图像，但偏差较大，不能看出损伤深浅程度，容易引起错误判断。

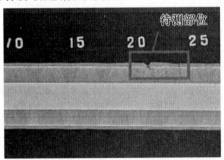

图 3 – 20　采用 90°夹角拍摄深度损伤待测部位

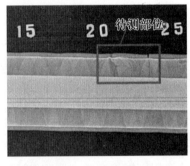

图 3 – 21　采用 60°夹角拍摄深度损伤待测部位

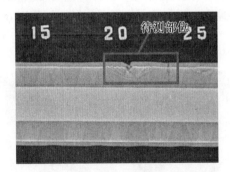

图 3 – 22　采用 45°夹角拍摄深度损伤待测部位

（3）使用铁铲、铁锤和钢锯严重破坏至电缆铜芯损伤的情形。

从图 3 – 23 ~ 3 – 25 的拍照比较可以看出，对于较严重的电缆铜芯破坏的情形，选用

90°夹角对损伤部位进行检测时,可以较明显地看出损伤的深浅程度,且能观察出损伤对电缆铜芯的破坏深度,相比其他两幅图,可以更准确直观地看出电缆损伤的程度,有助于准确地判断是否需要更换电缆。

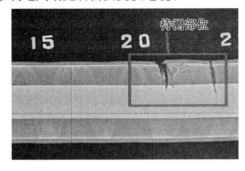

图 3 - 23　采用 90°夹角拍摄严重损伤待测部位　　图 3 - 24　采用 60°夹角拍摄严重损伤待测部位

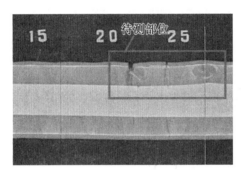

图 3 - 25　采用 45°夹角拍摄严重损伤待测部位

通过用 DR 对不同程度的电力电缆损伤采取不同角度的拍摄,比较不同损伤情况下 X 射线机采取不同角度来拍摄待测电缆,可得以下结论:①当电缆损伤保护层较轻时,采用与待测电缆水平夹角处于 45°进行拍摄,相比其他角度可以较清晰地看出电缆损伤处;②当电缆损伤内部绝缘层时,采用与待测电缆水平夹角处于 60°进行拍摄,能清晰完整地查看损伤部位;③当电缆损伤至铜芯时,采用与待测电缆水平夹角处于 90°进行拍摄,相比其他角度观测,可更直观完整地看出整体损伤效果。

由以上结论可知,当对损伤电缆进行检测时,可先观察电缆外部损伤严重与否,若损伤较轻,则采取结论①的照射方式来探照;若电缆损伤较深,则可先采用结论②和③的方式进行测量,有助于提高现场检测的效率。

3.7　CR 成像与 DR 数字成像对比

X 射线检测技术作为一种常规的无损检测方法应用于工业领域已有近百年的历史,传统的 X 射线检测以胶片照相为主要检测方法。X 射线胶片照相技术原理简单、操作灵活,其作为最早发明并使用的射线检测技术已广泛地应用于人们生产生活的各个方面。X 射线胶片照相技术已经发展成熟,但 X 射线胶片照相存在速度慢、成本高、不易存储和图像处理等缺点,已经不能满足现代工业的需求。近年来,随着计算机技术和图像处理技术的发展,出现了 X 射线数字成像技术,这标志着 X 射线检测技术将进入全新的一代。

直接数字成像系统具有的特点:①灵敏度高、分辨率较低、能够有效降低射线剂量;②检测时间短,能够有效提高检测效率;③具有较大的宽容度;④一次投入成本高,但减少暗室的洗片环节,能够大幅降低环境污染,但是 DR 探测器无法弯曲,也有一定厚度,实际检测会有一定的限制。直接数字成像系统可分为计算机射线成像系统(CR)和直接数字化射线成像系统(DR)两类,X 射线数字成像 CR 与 DR 技术原理对比示意图如图 3 - 26 所示。

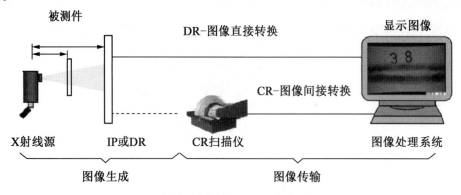

图 3 - 26　X 射线数字成像 CR 与 DR 技术原理对比示意图

3.7.1　电力电缆故障缺陷简介

电力电缆输送电能容量较大且敷设于地下, 大致可分为隧道、沟道、管道和直埋(包括水下直埋敷设)几种方式,部分区域如发电厂、桥梁等采用架空敷设,其在整个电网中起到极为重要的作用,随着我国经济的快速发展,电网建设中电力电缆的使用量也不断增加,但因此带来的电力电缆故障也随之增加。电力电缆常见的故障可分为以下几类。

(1)外力损伤。

外力损伤引起的电力电缆故障占电力电缆事故的比例很大,外力作用对电力电缆的损伤可分为直接和间接两类。直接损伤包括安装时损伤和土建施工时的机械损伤,建设单位的机械野蛮施工对电力电缆的损伤往往很严重,这也是电力电缆外力破坏的主要原因,常发生在土建施工单位未与当地供电部门对已有电力电缆线路进行询问便进行施工的情况下,土建施工人员把有混凝土包封的电力电缆管线当作混凝土障碍,将挖掘机或钢钎等穿破混凝土保护层直至电力电缆铠装层,从而导致损伤部位彻底击穿故障。间接损伤包括行驶车辆碾压损伤,土地沉降造成的电力电缆接头和导体损伤,电力电缆敷设安装不合格的施工损伤,如工井管沟排水不畅,电力电缆长期被水浸泡,损害绝缘强度,以及工井太小,电力电缆弯曲半径不够,长期受挤压外力破坏,容易造成损伤。

（2）绝缘受潮或化学腐蚀。

电力电缆在地下长期运行过程中，因地质原因或接头处密封不严、电力电缆制造不良、金属保护套受外力拉裂等会导致电力电缆进水受潮；在酸－碱相互作用的区域，电力电缆的金属保护套和绝缘层还会遭受化学或电化学腐蚀，导致电力电缆保护层绝缘不良，最终引发电力电缆故障。

（3）长期超负荷运行。

超负荷运行下负载电流通过电力电缆产生的热效应将不可避免地导致电力电缆温度升高，同时集肤效应和电荷的涡流效应也会产生额外的热量，会加速电力电缆绝缘介质的老化变质，最终导致电力电缆绝缘层被击穿。

（4）制造缺陷或材料缺陷。

电力电缆制造过程中，对电力电缆及其附件的绝缘材料维护管理不善，不按照规程制造，或材料机械强度不够，使得电力电缆在使用过程中会很快因电、热、化学、环境或外力等因素的影响出现损伤，产生故障。

目前电力电缆故障点定位与检测方法主要有人耳听法、高频感应法和红外诊断技术等。高频感应法主要是利用高频信号发生器产生高频，然后向待测的电力电缆通上高频电流，电力电缆上有了高频电流就会产生高频的电磁波。地面上的人拿着探头沿着埋设电缆的路线走，可以感应到电力电缆发出的高频电磁波，经过仪器处理后根据显示的数值大小可以判断出故障点的具体位置。国内对于高频感应法的研究包括电桥法、低压脉冲反射法、直流高压闪络法、冲击高压闪络法、二次脉冲法、三次脉冲法等。红外诊断技术自从使用以来，取得了良好的业绩，也为电力电缆带来了巨大的经济效益。电力电缆一旦出现过负荷的现象，其阻抗增大导致发热也增大，于是线芯的温度会急剧升高，甚至超过最大承受温度。故障点的阻抗最大，发热也就最大，因此只要检查线芯的温度，就可以根据温度的高低区确定故障点。然而这些检测方法无法直观检测出电力电缆缺陷的精确位置及缺陷损伤程度，由于 X 射线具有穿透物质的特性，因此 X 射线数字透照技术具有直观、便捷、准确、实时等特点，与其他传统检测方法相比，将其应用在电力电缆故障的内部缺陷诊断上具有独特的优势。

3.7.2　高压电力电缆缺陷 X 射线模拟检测

为了更清楚地对比 CR 技术与 DR 技术的成像效果，需对电力电缆 X 射线透照实验进行验证。实验所用的 X 射线源有两种，包括便携式 X 射线机［0.3 MeV，焦点尺寸为 3.0 mm（EN12543），1.0 mm（IEC336）］和 XRS－3 脉冲 X 射线机（270 keV，2.6～4.0 mR/次）；成像探测器件包括 IP 和平板探测器（非晶硅，成像面积为 410 mm × 410 mm，图像分辨率为 2.5 Lp/mm），IP 代表 CR 技术，非晶硅平板探测器代表 DR 技术。实验材料为 10 kV 电力电缆样品，电力电缆的基本结构包括电力电缆线芯（导体）、绝缘层、屏蔽层和外护层 4 部分，其样品截面图如图 3－27 所示。本实验首先对电力电缆样品 X 射线透照能力进行实验，得到了一组适合于电力电缆 X 射线检测的参数。随后用尖头锤、手工锯和锄头对高压电力电缆模拟了不同程度的损害缺陷,按照损害程度分为外护层破损、绝缘层破损、电力电缆线芯破损,如图 3 – 28 所示。最后在上述两种射线源下分别进行了 IP 和非晶硅平板探测器的成像结果对比实验,取得了良好的检测效果。

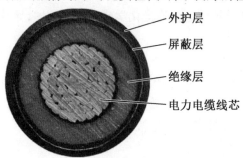

外护层
屏蔽层
绝缘层
电力电缆线芯

图 3 – 27　电力电缆样品截面图

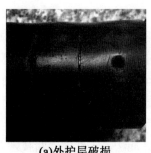  

(a)外护层破损　　　　　　(b)绝缘层破损　　　　　　(c)电力电缆线芯破损

图 3 – 28　电力电缆样品缺陷外观图

1. 便携式 X 射线机下 IP 和平板探测器成像结果对比检测

实验检测前首先使用便携式 X 射线机作为 X 射线源,经过多次对电力电缆样品的透照实验,最终确定的便携式 X 射线机检测参数见表 3 – 5。随后采用上述检测参数,对已模拟好缺陷的电力电缆试件进行 X 射线透照检测,便携式 X 射线机检测现场设备布置图如图 3 – 29 所示。

表 3 – 5　便携式 X 射线机检测参数

管电压/kV	管电流/mA	焦距/mm	单帧曝光时间/s	采集帧数
60	2.0	800	2	4

(a)CR检测设备布置图　　　　　　　　　(b)DR检测设备布置图

图 3 - 29　便携式 X 射线机检测现场设备布置图

（1）外护层破损缺陷模拟检测。

电力电缆结构组成中的外护层直接与外界环境接触,材料多为塑料类、橡胶类,作用是保护电力电缆免受外界杂质和水分的侵入,以及防止外力直接损坏电力电缆。实验时对电力电缆样品截面进行观察,估算防护层厚度后使用尖头锤、手工锯和锄头三种工具对电缆样品的外护层制造破损缺陷,进行透照实验所获数字成像结果如图 3 - 30 所示。

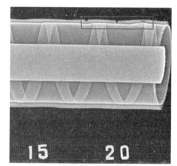

(a)IP成像　　　　　　　　　　(b)平板探测器成像

图 3 - 30　外护层破损缺陷数字成像结果

图 3 - 30(a)、(b)所示分别为 IP 与平板探测器的成像结果,两图均清晰地呈现了外护层的破损缺陷,缺陷位置如图中线框所示,本次缺陷仅破损电力电缆外护层,未对内部结构造成破坏,与实际模拟缺陷相符。

（2）绝缘层破损缺陷模拟检测。

电力电缆结构组成中的绝缘层可将电力电缆线芯与大地及不同相的线芯间在电气上彼此隔离,它能承受相应的电压,作用是防止电流泄漏,保证电能输送,是电力电缆结构中不可缺少的组成部分。实验时破损缺陷模拟过程与外护层破损缺陷模拟过程相似,进行透照实验所获数字成像结果如图 3 - 31 所示。

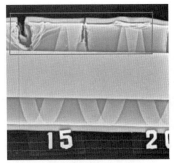

(a)IP成像　　　　　　　　　(b)平板探测器成像

图 3 – 31　绝缘层破损缺陷数字成像结果

　　图 3 – 31(a)、(b)两图均清晰地呈现了绝缘层的破损缺陷,缺陷位置如图中线框所示,本次缺陷模拟将破损加深至电力电缆绝缘层,未对最内部的电力电缆线芯结构造成破坏,与实际模拟缺陷相符。

　　(3)电力电缆线芯破损缺陷模拟检测。

　　电力电缆结构组成中的线芯是电力电缆的导电部分,用来输送电能,是电力电缆的主要部分,线芯一旦破损,极易引起漏电、停电事故,必须马上进行更换,线芯组成材料主要是铜与铝。实验时破损缺陷模拟过程与外护层破损缺陷模拟过程相似,为了更清楚地判断尖头锤造成的缺陷深度,透照实验前在尖头锤缺陷孔处插入一截铁丝,进行透照实验所获数字成像结果如图 3 – 32 所示。

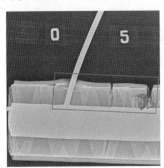
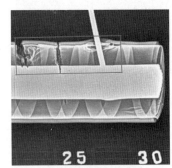

(a)IP成像　　　　　　　　　(b)平板探测器成像

图 3 – 32　电力电缆芯破损缺陷数字成像结果

　　图 3 – 32(a)、(b)两图均清晰地呈现了电力电缆线芯的破损缺陷,缺陷位置如图中线框所示,本次缺陷模拟将破损加深至电力电缆线芯,缺陷孔插入的铁丝末端明显深入至电力电缆线芯层,与实际模拟缺陷相符。

　　由图 3 – 30 ~ 3 – 32 三组成像结果对比可看出,在相同的 X 射线机检测参数下,IP 与平板探测器透照结果均能够较为清晰地呈现电力电缆的破损缺陷,但平板探测器成像质量略强于 IP,成像结果能够更好地展现电力电缆样品的内部结构和缺陷细节,如缺陷的位置及损害程度。

2. 脉冲 X 射线机下 IP 和平板探测器成像结果对比

为了进一步验证 CR 技术与 DR 技术的成像效果对比结论,将 X 射线源更换为脉冲 X 射线机,成像探测器件仍为 IP 和平板探测器,电力电缆样品及模拟缺陷均与便携式 X 射线机下相同。同样经过多次对电力电缆样品的透照实验,最终确定的脉冲 X 射线机检测参数见表 3 – 6,现场设备布置图如图 3 – 33 所示。

表 3 – 6　脉冲 X 射线机检测参数

脉冲/次	焦距/mm
60(IP)	1 150
30(平板探测器)	1 150

(a)CR检测设备布置图　　　　　(b)DR检测设备布置图

图 3 – 33　脉冲 X 射线机检测现场设备布置图

后续实验采用表 3 – 6 检测参数,对已模拟好缺陷的电力电缆试件进行 X 射线透照检测,所获数字成像结果如图 3 – 34 ~ 3 – 36 所示,对应的电力电缆缺陷分别为外护层破损、绝缘层破损和电力电缆线芯破损。

(a)IP成像　　　　　　　　(b)平板探测器成像

图 3 – 34　外护层破损数字成像结果

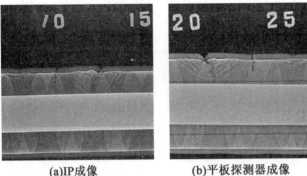

(a)IP成像　　　　　　　　(b)平板探测器成像

图 3 – 35　绝缘层破损数字成像结果

(a)IP成像　　　　　　　　(b)平板探测器成像

图 3 – 36　电力电缆线芯破损数字成像结果

由图 3 – 34 ~ 3 – 36 三组成像结果对比可以看出,在相同的脉冲 X 射线机检测参数下,IP 与平板探测器成像质量基本相同,均能较清晰地呈现电力电缆样品的内部结构及模拟缺陷的位置和损伤程度,与实际模拟缺陷相符。

CR 技术与 DR 技术在相同的检测环境及参数下,都能够较好地展现电力电缆样品的内部结构和缺陷位置及损伤程度,均可提取丰富可靠的判断信息。电力电缆故障现场检测中,检测人员可根据这些信息快速判断出故障位置及损伤程度,为后续工作中分析提供支持。但 IP 透照成像后,需将其置入 CR 扫描仪中进行精细扫描读取,再由计算机处理得到数字化图像,经 A/D 转换器转换,最终在监视器荧光屏上显示出灰阶图像,即 CR 成像要经过影像信息的记录、读取、处理和显示等步骤,并且 CR 技术每两次检测之间均要对 IP 进行洗片,烦琐费时。DR 技术可通过平板探测器俘获与转换 X 射线能量直接成为数字信号,再经 A/D 转换、处理而获得数字化图像并在显示器上显示。与 CR 技术相比,DR 技术从 X 射线曝光到最后成像结果显示的全过程均可自动完成,X 射线曝光完成后,即可在显示器上观察到成像结果,效率较高,能够做到实时在线检测,因此 DR 技术也是今后电力设备 X 射线检测的发展趋势。

第4章　脉冲 X 射线数字成像技术研究

脉冲 X 射线数字成像技术研究,具有非常重要的现实意义。这里提出用一种小型化的 X 射线检测设备对电力电缆进行检测的方法,以解决传统 X 射线设备效率低下的问题。小型化的 X 射线检测设备的优点:首先,设备的小型化大大减轻了现场的劳动强度和操作的复杂性;其次,小型化设备使用电池,因此在没有交流电源的工况下也可以开展设备的可视化检测工作;最后,小型化设备的辐射剂量较小,提高了现场检测的安全性。

经过对导线、金具及高压电缆的结构特点进行研究,最终研制了如图 4 - 1 所示的脉冲 X 射线源,脉冲 X 射线源基本参数见表 4 - 1。与目前使用的连续射线源相比,该设备的突出优点有:(1)质量轻,只有 5.4 kg,传统连续射线源有 40 kg 左右;(2)使用充电电池,每块电池可连续工作两小时;(3)辐射较小。

脉冲 X 射线源工作原理是:脉冲功率驱动源在控制信号的控制下产生直流高压,为螺旋形高压发生器充电,螺旋形高压发生器产生的高压脉冲加在冷阴极闪光 X 射线管的阳极与阴极之间,使其产生脉冲 X 射线。

图 4 - 1　脉冲 X 射线源

表 4 - 1　脉冲 X 射线源基本参数

尺寸(包括电池)	35.6 cm×11.5 cm×19.0 cm
质量(包括电池)	5.4 kg
输出剂量	2.6 ~ 4.0 mR/次

续表 4 – 1

脉冲频率/(次·s⁻¹)	15
X 射线源尺寸/mm	3
最大管电压/kV	270
X 射线脉冲间隔/s	5×10^{-8}
电池电压/V	13.4
充电后最大脉冲数/pulses	4 000
最大工作周期	200 pulses/4 min
X 射线泄漏值	在 X 射线源 0.609 6 m 之内存在 3 mR/100 pulses

4.1　X 射线的脉冲数量对压接导线成像清晰度的影响

实验物品:3 根已经压接完毕的导线接头,导线型号(从左向右):NY – 300/40; NY – 240/30; NY – 240/30。

X 射线实验相关数据:焦距(X 射线发射点到成像板距离)为 960 mm;管电压为 270 kV;管电流为 0.25 mA。

图 4.2 所示为导线压接头脉冲 X 射线检测现场图。

注:以下实验照片只有脉冲数发生变化,其余条件均相同。

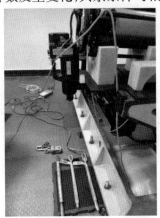

图 4 – 2　导线压接头脉冲 X 射线检测现场图

为验证脉冲数量对导线压接情况的 X 射线成像的清晰度研究,下面改变脉冲数量,对比成像效果。

从图 4 – 3 中可以看出,对于常规导线(500 kV 以下)的脉冲 X 射线检测,推荐的参数:焦距为 600 ~ 1 000 mm;管电压为 270 kV;管电流为 0.25 mA;脉冲数不小于 30 pulses。

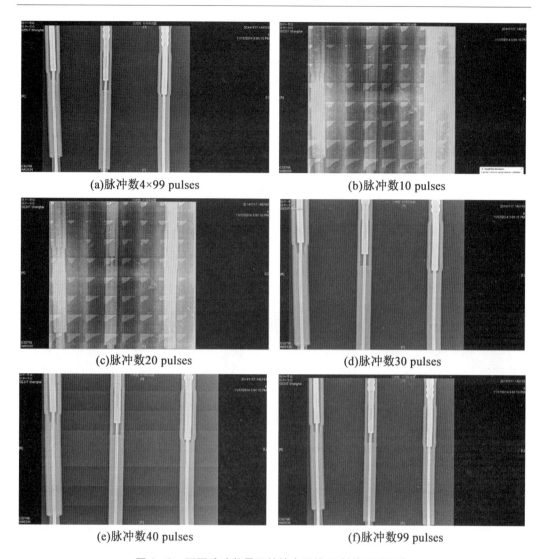

(a)脉冲数4×99 pulses　　　　　　　　(b)脉冲数10 pulses

(c)脉冲数20 pulses　　　　　　　　(d)脉冲数30 pulses

(e)脉冲数40 pulses　　　　　　　　(f)脉冲数99 pulses

图 4－3　不同脉冲数量下的输电导线 X 射线透照图像

4.2　X 射线的脉冲数量对电力金具成像清晰度的影响

实验物品:7 个已经压接完毕的导线金具,金具型号(从左向右,从上向下):U－10; Z－7; QP－16; P－16; UL－10; WS－16; PH－10。

X 射线实验相关数据:焦距(X 射线发射点到成像板距离)为 960 mm;管电压为 270 kV;管电流为 0.25 mA。

图 4－4 所示为金具的脉冲 X 射线现场检测图。

注:以下实验照片只有脉冲数发生变化,其余条件均相同。

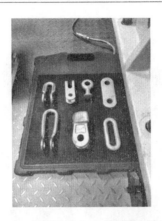

图 4 - 4　金具的脉冲 X 射线现场检测图

从图 4 - 5 中可以看出,对于常规金具(500 kV 及以下)的脉冲 X 射线检测,推荐的参数:焦距为 600 ~ 1 000 mm;管电压为 270 kV; 管电流为 0.25 mA;脉冲数不少于 60 pulses。

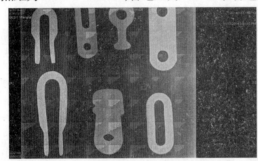

(a)脉冲数50 pulses

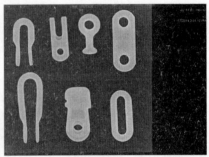

(b)脉冲数60 pulses

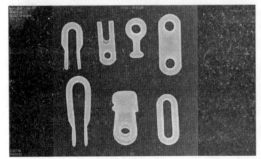

(c)脉冲数80 pulses

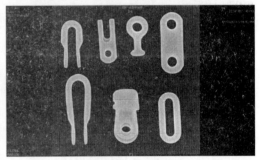

(d)脉冲数99 pulses

图 4 - 5　不同脉冲数量下的金具 X 射线透照图像

4.3　XRS－3 脉冲 X 射线源与连续 X 射线源的辐射剂量比较

（1）实验方法。

本书研究的实验方法是布置连续 X 射线数字成像系统和脉冲 X 射线数字成像系统，之后分别通过连续 X 射线源和脉冲 X 射线源对实验电缆进行照射，通过平板探测器和移动工作站在计算机设备上得到照射图像，然后通过比较两种 X 射线源照射出来的电缆的图像得到相应的实验结论。

（2）实验设备。

在本实验中主要应用了两种 X 射线机和两种 X 射线数字成像检测系统。第一种是目前云南电网公司进行检修时常用的连续 X 射线源检测系统，包括便携式 X 射线机 ［0.3 MeV，焦点尺寸为 3.0 mm（EN12543）、1.0 mm（IEC336）］、平板探测器（非晶硅、成像面积为 410 mm × 410 mm、图像分辨率为 2.5 Lp/mm）、移动工作站、控制箱、附件等，如图 4－6 所示。

小型化的脉冲 X 射线源检测系统由 Golden Electric XRS－3 脉冲 X 射线机、平板探测器、移动工作站、附件等组成，如图 4－7 所示。

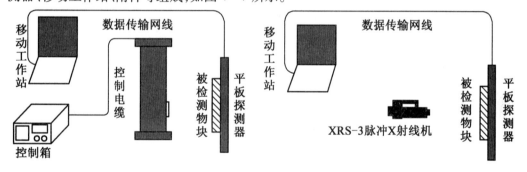

图 4－6　连续 X 射线源检测系统　　　　　图 4－7　脉冲 X 射线源检测系统

本实验研究使用的平板探测器包括闪烁体下面的非晶硅像元阵列传感器，每个像元由光电二极管、薄膜晶体开关、扫描线、数据线等构成。平板探测器的优点：有效检测区域大；空间分辨率高；动态范围大；成像板可允许 1 000 kV 能量的 X 射线直接照射。

（3）实验及效果对比。

本实验研究的内容是对型号为 YJV－26/35－1 × 300 的电缆进行 X 射线检测，实验前对电缆进行了模拟破坏，主要包括利用钉子、钢锯和锄头对电缆进行不同程度的破坏，来模拟现实施工的过程中地下电缆受到的损伤，电缆受损情况图如图 4－8 所示。脉冲 X 射线源检测示意图如图 4－9 所示，其中 f 为检测源到被检测部件表面的距离，d 为 X 射线源检点尺寸，b 为工件表面至 X 射线接收转换装置的距离。

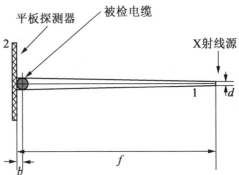

图 4 – 8　电缆受损情况图　　　图 4 – 9　脉冲 X 射线源检测示意图

连续 X 射线源与脉冲 X 射线源的实验检测设备布置图如图 4 – 10 所示。

(a)连续X射线源检测　　　(b)脉冲X射线源检测

图 4 – 10　检测设备布置图

本实验对电缆进行 X 射线检测,在使用连续 X 射线源对电缆进行检测时选用的曝光时间为 42 s,电压设定为 60 kV,电流设定为 2.0 mA,焦距选为 800 mm。电缆缺陷连续 X 射线源检测成像图如图 4 – 11 所示。

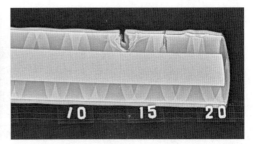

(a)电缆防护层破损连续X射线源检测成像图　　　(b)电缆绝缘层破损连续X射线源检测成像图

图 4 – 11　电缆缺陷连续 X 射线源检测成像图

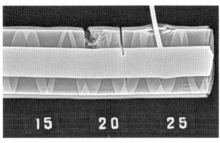

(c)电缆线芯破损连续X射线源检测成像图

续图 4 - 11

在使用脉冲 X 射线源对电缆进行检测时,实验选用的脉冲数为 60 pulses,焦距选为 1 150 mm,实验得到的检测成像图如图 4 - 12 所示。

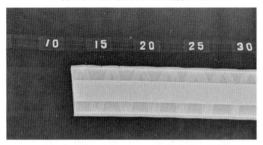

(a)电缆防护层破损脉冲X射线源检测成像图

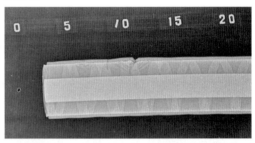

(b)电缆绝缘层部分破损脉冲X射线源检测成像图

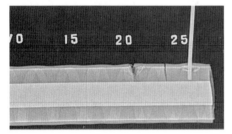

(c)电缆绝缘层全部破损脉冲X射线源检测成像图

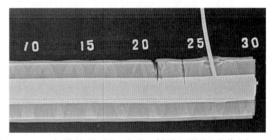

(d)电缆线芯破损脉冲X射线源检测成像图

图 4 - 12　电缆缺陷脉冲 X 射线源检测成像图

由图 4 - 11 和图 4 - 12 可以清楚地看出电缆的受损情况,从成像质量来说连续 X 射线源数字成像检测系统与脉冲 X 射线源数字成像检测系统都很理想,可以明确地看出受损部位和受损程度。

4.3.1　导线检测的比较

连续 X 射线源照射导线,最小辐射量的透照参数为 80 kV、2 mA、4 s;脉冲 X 射线源透照参数为 270 kV、0.25 mA、3×10^{-7} s,根据射线操作人员单位时间内接收的射线剂量 $\dfrac{uiSBe^{-\mu d}}{4\pi mR^2}$ 计算,在同样作业半径 R 处,导线单次脉冲 X 射线源透照的辐射剂量为

$$270 \times 0.25 \times \frac{SBe^{-\mu d}}{4\pi mR^2} \times 1.5 \times 10^{-6} \qquad (4-1)$$

单次连续 X 射线源透照的辐射剂量为

$$80 \times 2 \times \frac{SBe^{-\mu d}}{4\pi mR^2} \times 4 \qquad (4-2)$$

由式(4-1)和式(4-2)可知,导线单次脉冲 X 射线源透照的辐射剂量仅为连续射线源的 $1/6.4 \times 10^6$。

4.3.2　金具检测的比较

连续 X 射线源照射金具,最小辐射量的透照参数为 150 kV、2 mA、4 s;脉冲 X 射线源透照参数为 270 kV、0.25 mA、3×10^{-7} s,根据射线操作人员单位时间内接收的射线剂量 $\frac{uiSBe^{-\mu d}}{4\pi mR^2}$ 计算,在同样作业半径 R 处,金具单次脉冲 X 射线源透照的辐射剂量为

$$270 \times 0.25 \times \frac{SBe^{-\mu d}}{4\pi mR^2} \times 3 \times 10^{-6} \qquad (4-3)$$

单次连续 X 射线源透照的辐射剂量为

$$150 \times 2 \times \frac{SBe^{-\mu d}}{4\pi mR^2} \times 4 \qquad (4-4)$$

金具单次脉冲 X 射线源透照的辐射剂量仅为连续 X 射线源的 $1/5.9 \times 10^6$。

经过以上两次检测的比较,可得出以下结论。

脉冲 X 射线数字成像检测系统与连续 X 射线数字成像检测系统相比,两者的成像质量都比较理想,都可以明显地看出电缆内部的受损程度。与连续 X 射线数字成像检测系统相比,脉冲 X 射线数字成像检测系统具有质量轻、电池充电、接线少、辐射剂量小的优点,非常适合电缆等透照厚度较小设备的可视化检测。

但是脉冲 X 射线数字检测系统也有不足之处,由于脉冲 X 射线源发出的 X 射线的能量不是很高,因此在检测比较厚的金属和其他材料的设备时,脉冲 X 射线源发出的射线不能够穿透被检测物体,从而使得照射到平板探测器的 X 射线能量不够,最后得到的图像质量不理想,加强脉冲 X 射线源能量的研究是接下来的重点研究工作。

4.4　XRS-3 脉冲 X 射线源辐射剂量测量

为验证脉冲 X 射线源的辐射剂量,在半径 r 处的圆周上布置 a、b、c、d 4 个测量点,设置的脉冲数为 30 pulses,如图 4-13 ~ 4-16 所示。

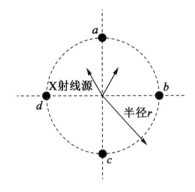

图 4 – 13　脉冲 X 射线源辐射区域分布图

图 4 – 14　$r = 1$ m 时，a、b 测量点布置

图 4 – 15　$r = 1$ m 时，b、c 测量点

图 4 – 16　$r = 2$ m 时，a、b 测量点

脉冲 X 射线源辐射剂量实测值见表 4 – 2。由表中的数据可以看出，在脉冲 X 射线源发出的 X 射线主要位于 X 射线源的正前方。在 X 射线源的侧方和后方，X 射线剂量率远远小于正前方，并且随着距离的增加，X 射线强度逐渐减小，当距离 X 射线源 10 m 时，在 X 射线源的侧方和后方已经检测不到 X 射线的强度，但是正前方的 X 射线强度依然比较强。

表 4 – 2　脉冲 X 射线源辐射剂量实测值

测量结果	a		b		c		d	
	剂量率 /(μsv·h^{-1})	累积量 /μsv	剂量率 /(μsv·h^{-1})	累积量 /μsv	剂量率 /(μsv·h^{-1})	累积量 /μsv	剂量率 /(μsv·h^{-1})	累积量 /μsv
$R = 1$	20	1	2	0.000 5	0	0	2	0.000 5
$R = 2$	14	1	1	0.000 3	0	0	1	0.000 3
$R = 10$	10	1	0	0	0	0	0	0

4.5　XRS－3 脉冲 X 射线源的辐射区域分布图

　　根据上述测量方法所得到的测量结果,绘制得到的 XRS－3 脉冲 X 射线源的辐射区域如图 4－17 所示。由图可知,在 X 射线源的后方 3 m、侧面 11 m、正前方 34 m 为射线的距离防护区域,处在这个区域外工作,接收辐射剂量低于操作规程要求。

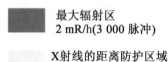

最大辐射区
2 mR/h(3 000 脉冲)

X射线的距离防护区域

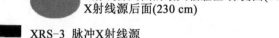

X射线源周围的最大辐躯区域:侧面(116 cm)
X射线源后面(230 cm)

XRS-3 脉冲X射线源

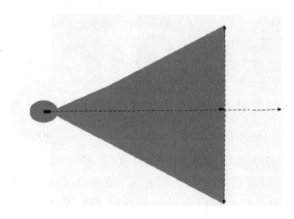

图 4－17　XRS－3 脉冲 X 射线源的辐射区域

4.6　电力电缆的脉冲 X 射线 CR 成像

　　实验室状态下,通过脉冲 X 射线源对高压电力电缆进行 CR 检测,并检验其效果,如图 4－18～4－20 所示。

　　可以看出,CR 检测与 DR 检测的效果并无太大差异,而且 CR 的 IP 携带方便,更能适应现场恶劣的工作条件。唯一的不足是 IP 的曝光问题,在 IP 底部由于光照的影响,成像会出现曝光过度的问题。

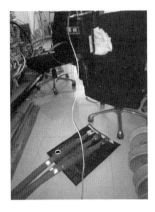
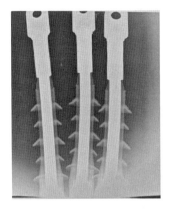

图 4 - 18　实验室布置图　　　图4 - 19　CR 的 X 射线检测效果　　　图4 - 20　IP 扫描仪

4.7　厚部件的脉冲 X 射线数字成像检测技术研究

　　厚部件指厚度超过脉冲 X 射线源最大穿透厚度 60% 的部件,对于 10 kV 电缆,单相电缆的透照厚度较小,而三相合体的电缆透照厚度较大,即为厚部件。

　　对连续 X 射线源,X 射线能量足够穿透上述厚部件,而脉冲 X 射线透照能力有限,厚部件透照厚度大,曝光量大,成像板单帧采集时间短曝光量不够,影响成像质量。要保证足够的曝光量,需要采用多组脉冲曝光,但是脉冲 X 射线机单组最大脉冲数有限,脉冲 X 射线源单位时间内能量密度高,需定时冷却。这给脉冲 X 射线数字成像技术应用于厚部件检测带来较大困难。

　　在多组实验的基础上提出的多帧曝光与图像合成技术,可延长采集时间,保证曝光量和脉冲 X 射线源的冷却。图 4 - 21 和图 4 - 22 所示为单相电缆和三相合体电缆的透照参数和透照效果,采用多帧曝光与图像合成技术可以有效解决厚部件的脉冲 X 射线数字成像检测曝光量不够的问题。

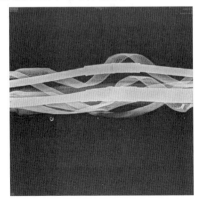
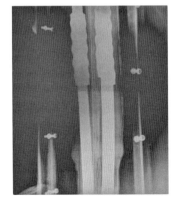

图 4 - 21　单相 10 kV 电缆接头　　　　　图 4 - 22　三相合体 10 kV 电缆接头

通过以上方法获得的 X 射线图像可保证在照射厚部件时图像的清晰度,但为了保证脉冲 X 射线源的冷却时间,应增加每组射线间的拍摄时间间隔,防止因 X 射线源过热而出现故障。

4.8　高质量图像获取技术(消除残影)

采用脉冲 X 射线透照数字成像板,容易产生图像残影,影响图像质量,形成伪显示,造成缺陷误判。

上一组实验的图像残留在下一组实验图像中的现象称为图像残留。图 4-23 所示为连续曝光消除图像残留。首先,对 7 mm 厚的铜环进行脉冲数 2×99 pulses 的曝光;接着对 12 mm 厚的钢板焊缝进行脉冲数 4×99 pulses 的曝光,透照图像上出现了上一组实验铜环的残影;再对钢板焊缝进行脉冲数 4×99 pulses 的曝光,透照图像上的铜环残影渐渐变淡;再对钢板焊缝进行脉冲数 4×99 pulses 的曝光,透照图像上的铜环残影消失。

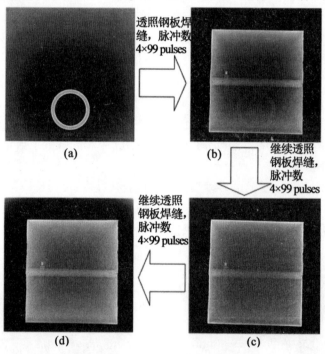

图 4-23　连续曝光消除图像残留

连续曝光消除图像残留的实验表明,图像残留现象多发生在脉冲 X 射线数字成像系统中,可以通过继续曝光和长时间静置来擦除。连续 X 射线源的成像系统较少出现残影,也表明后续曝光的 X 射线对前面的残影有擦除作用。

图像残留还与成像板静置的时间有关。图 4-24 所示为静置成像板消除图像残留的实验过程。对 5 mm 厚铝板进行曝光,得到透照图如图 4-24(a)所示;静置成像板 5 min

后,空采数据(无 X 射线曝光)得到上组实验中铝板的残留图像如图 4 - 24(b)所示;静置成像板 30 min 后,空采数据得到图像如图 4 - 24(c)所示,铝板的残留图像消失。

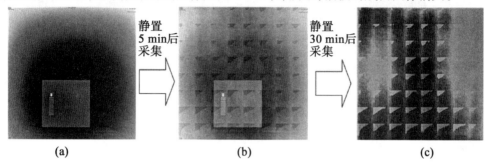

图 4 - 24　静置成像板消除图像残留的实验过程

静置成像板消除图像残留的实验表明,图像残留的强度随时间不断衰减,直至消失。

综合上述实验,设图像残留的强度为一个物理量 I,则 I 随时间 t 呈指数衰减,且与后续 X 射线曝光量有关,这种关系可表示为

$$I = e^{-\alpha t} \tag{4 - 5}$$

式中,α 为衰减系数;t 为时间。α 与后续曝光的 X 射线能量有关,后续曝光 X 射线能量越大,α 值越大,图像残留的强度越小。

连续曝光消除图像残留的实验表明,图像残留现象多发生在脉冲 X 射线数字成像系统中,可以通过继续曝光和长时间静置来擦除。连续 X 射线源的成像系统较少出现残影,也表明后续曝光的 X 射线对前面的残影有擦除作用。

综上所述,给出两个建议:第一,利用脉冲 X 射线数字成像系统检测电力设备,应考虑两次曝光之间的时间间隔,避免图像残留;第二,出现图像残留时,可采用静置或更高 X 射线能量照射成像板来消除。

4.9　地下电缆 X 射线检测

电缆应用于电力传输已经有上百年的历史了,随着经济建设的不断发展,电缆在不同部门、不同领域得到了越来越广泛的应用。但是近年来由于地下电缆密布而且地上的电缆标识物不够明确,因此当电缆被损坏时需要及时查明其损坏的程度,以便工作人员设计维修方案和处理办法,减少电缆损坏带来的损失。

为检验脉冲 X 射线数字成像检测系统在电缆沟内的实用性,某 10 kV 电缆沟内进行了地下电缆的脉冲 X 射线检测。检测时间为 2016 年 1 月 20 日,检测地点为该 10 kV 电缆沟。检测参数:焦距为 800 mm,脉冲数为 4 × 99 pulses,电缆型号为 YJV/22 - 3 × 300。图 4 - 25 所示为地下电缆检测布置,图 4 - 26 所示为现场检测效果。

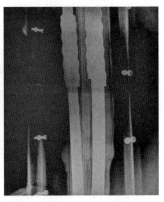

图 4 - 25　地下电缆检测布置　　　　　　　图 4 - 26　现场检测效果

　　本实验共开展两条电缆的脉冲 X 射线数字成像检测,检测效果表明:脉冲 X 射线数字成像技术及系统可较好地适应地下电缆沟内的检测,其具有轻便、辐射小、电池供电的特点,特别适用于在城市道路电缆沟内(不易防护、不易取电)开展 X 射线检测工作。

第5章 导线、金具及高压电缆 X 射线检测工艺研究

5.1 导线脉冲 X 射线检测的脉冲数选取

针对不同的电压可以划分等级,不同电压的等级、不同脉冲时间的脉冲数 n 的选择,应该满足(推荐焦距 $600 \sim 1\,000$ mm)

$$nUt \geqslant 30 \times 270 \times 5 \times 10^{-8} = 4.05 \times 10^{-4} (\text{kV/s}) \tag{5-1}$$

式中,U 为脉冲 X 射线机的管电压;t 为单个脉冲持续时间。

5.2 金具及电缆脉冲 X 射线检测的脉冲数选取

金具的属性不同于导线的属性,根据不同电压等级、不同脉冲时间的脉冲数 n(推荐焦距 $600 \sim 1\,000$ mm),金具的属性应满足

$$nUt \geqslant 60 \times 270 \times 5 \times 10^{-8} = 8.1 \times 10^{-4} (\text{kV/s}) \tag{5-2}$$

式中,U 为脉冲 X 射线机的管电压;t 为单个脉冲持续时间。

5.3 导线、金具及电缆 X 射线检测焦距的选取

焦距是 X 射线源到成像板或底片之间的直线距离。焦距对 X 射线的各个参数均有很大影响。

(1)对曝光量的影响。

为了客观地表示焦距、曝光量和成像板实际所得到的感光量之间的关系,引入曝光系数为

$$\text{X 射线的曝光系数} = \frac{\text{管电流}(i) \times \text{曝光时间}(t)}{\text{焦距}(f)^2} \tag{5-5}$$

可见在曝光量一定时曝光系数与焦距的平方成反比,对曝光量影响非常大。

(2)对几何不清晰度(U_g)的影响,表达式如下:

$$U_g = \frac{dT}{f-T} \tag{5-6}$$

式中,d 为 X 射线源的有效尺寸;T 为检测厚度;f 为焦距,f 等于透照距离 F(X 射线源到

工件表面的距离)和工件表面至成像板或胶片距离 b 之和。

焦距越大,对应的几何不清晰度值就越小,对应的图像就越清晰,但不是焦距越大越好,由于焦距的平方与曝光系数成反比关系,因此要得到足够的曝光量就得延长曝光时间,这样就会影响成像的速度,也会引入更多的外界干扰。而为了保证 X 射线的检测质量,还必须防止高电压、短时间的曝光参数。选择正确的焦距不仅有助于拍摄出质量最好的图像,还可以有效地减少拍照次数,提高 X 射线检测的工作效率,同时延长 X 射线源的使用寿命。

5.3.1　考虑成像板有效成像面积条件下的最小焦距

成像板有效成像面积为 $a \times b$,对角线长度为 $\sqrt{a^2+b^2}$,X 射线源发射 X 射线角度为 θ,为了使 X 射线照射范围覆盖整块成像板,临界条件是 X 射线锥束半径为 $r = f\tan\dfrac{\theta}{2} = \dfrac{\sqrt{a^2+b^2}}{2}$,求得的最小焦距为 $f_{\min} = \dfrac{\sqrt{a^2+b^2}}{2\tan\dfrac{\theta}{2}}$,即 $f \geqslant \dfrac{\sqrt{a^2+b^2}}{2\tan\dfrac{\theta}{2}}$。

5.3.2　考虑成像板使用面积条件下的最小焦距

考虑成像板使用面积条件下的最小焦距为

$$f \geqslant 10db^{\frac{2}{3}} \qquad\qquad (5-7)$$

式中,d 为 X 射线源焦点尺寸;b 为工件表面至射线接收转换装置的距离。

检测部位布置如图 5 - 1 所示。

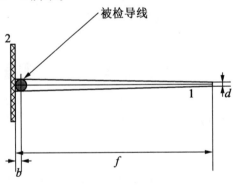

图 5 - 1　检测部位布置

5.3.3　最大检测焦距的选取

半径 1 m 处的能量流密度为 $\dfrac{CI^2}{\theta}$,其中 C 为常数,I 为管电流,θ 为 X 射线发射角。I 取 0.25 mA,θ 取 $2\pi/9$(即 40°),得到 1 m 处的能量流密度为 0.089 5C。将此定义为得到一张图像所需的最小能量流密度。那么半径 r(即焦距 f)处,管电流 I 产生的能量流密度为

$\frac{CI^2}{f^2\theta} \geqslant 0.089\ 5C$，即 $f \leqslant \sqrt{\dfrac{I^2}{0.089\ 5\theta}}$，$\theta$ 取 29°，I 取 3 mA，得到 $f \leqslant 12$ m。

5.3.4　检测焦距范围的选取

焦距对 X 射线照相灵敏度的影响主要体现在几何不清晰度上，焦距越大，几何不清晰度越小，成像板上的影像越清晰，在保证影像质量的前提下，应该尽量选择较大焦距。但也不能选择太大焦距，以免造成曝光量加大，增加不必要的辐射。考虑成像板有效成像面积条件下的焦距选择范围为

$$\frac{\sqrt{a^2+b^2}}{2\tan\dfrac{\theta}{2}} \leqslant f \leqslant \sqrt{\frac{I^2}{0.089\ 5\theta}}$$

不考虑成像板有效成像面积条件下的焦距选择范围为

$$10db^{\frac{2}{3}} \leqslant f \leqslant \sqrt{\frac{I^2}{0.089\ 5\theta}}$$

5.4　导线、金具及电缆 X 射线检测管电压的选取

获得良好的照相灵敏度，应选用尽可能低的管电压。采用较低的管电压时，应保证适当的曝光量。图 5-2 所示为不同材料、不同透照厚度允许的 X 射线最高透照管电压。

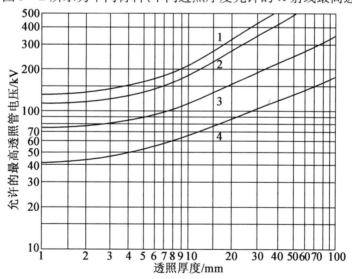

图 5-2　不同材料、不同透照厚度允许的 X 射线最高透照管电压
1—铜及铜合金；2—钢；3—钛及钛合金；4—铝及铝合金

对于截面厚度变化大的设备，如导线的接头部分，在保证灵敏度的前提下，允许采用

图 5 - 2 所规定的 X 射线最高管电压。但对于钢、铜及铜合金材料,管电压增量不应超过 50 kV;对于钛及钛合金材料,管电压增量不应超过 40 kV;对于铝及铝合金材料,管电压增量不应超过 30 kV。

5.5　空间分辨率的测试方法

5.5.1　测试方法

将分辨率测试卡紧贴在 X 射线数字成像器件成像中心区域。按如下工艺条件进行透照。

(1)选择最优的 X 射线源到探测器距离。

(2)选择合适的管电压和管电流,保证数字图像灰度在 40% ~ 80% 动态范围内。

5.5.2　分辨率测试卡的选取

分辨率测试卡又称为分辨率解析卡,本节采用了国际标准的 ISO12233 分辨率测试卡进行测试,采取统一拍摄角度和拍摄环境。分辨率的计算又使用了 HYRes 软件,分垂直分辨率和水平分辨率两部分进行;ISO12233 标准分辨率测试卡遵照 12233 的标准“摄影 - 电子照相画面 - 衡量方法”;新版影像式分辨率测试卡增加了扇形靶,可以测试散光效果。这里选取 3nh 分辨率测试卡,不同型号对应的有效区域见表 5 - 1。

表 5 - 1　不同型号对应的有效区域

型号	有效区域
NQ/NE - 10 - 100 A(1X)	(1X)200 × 356 mm(7.87 × 14 in)
NQ/NE - 10 - 200 A(2X)	(2X)400 × 711 mm(15.75 × 28 in)
NQ/NE - 10 - 400 A(4X)	(4X)800 × 1 422 mm(31.5 × 56 in)
NQ/NE - 10 - 800 A(8X)	(8X)1 600 × 2 844 mm(63 × 112 in)
NQ/NE - 10 - 50 A(0.5X)	(0.5X)100 × 178 mm(3.94 × 7 in)

注:1 in = 2.54 cm。

5.5.3　X 射线数字成像系统空间分辨率设定

X 射线成像的主要特征是显示被照射对象结构细节的能力,涉及正常结构和病理状态下的组织特征,一般使用空间分辨率。空间分辨率又称高对比分辨力,指对物体空间大小(几何尺寸)的鉴别能力,代表成像系统的区分能力,单位为 Lp/mm,相邻的一条白线和一条黑线组成一个线对,单位距离内可分辨的线对数目称为成像系统的空间分辨率,在单位宽度范围内能够分辨的线对数目越多表示图像的空间分辨率越好。图 5 - 3 所示为标准型,图 5 - 4 所示为增强型,图 5 - 5 所示为 3nh 实际操作。

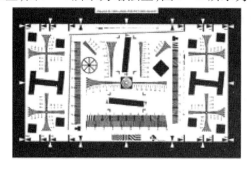

图 5 - 3　标准型

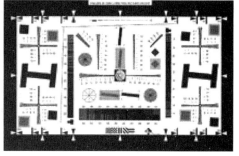

图 5 - 4　增强型

图 5 - 5　3nh 实际操作

5.6　尺寸标定方法

X 射线拍摄时,存在实物被放大的现象。因此,通过 X 射线数字成像技术采集到的导线、高压线缆、金具结构尺寸,并非实际尺寸。然而,在实际应用中,往往需要从 X 射线照片推断出导线、高压线缆、金具内部结构的真实尺寸,如导线与金具压接是否牢固到位的问题。X 射线数字实时成像技术得到的图片是实物的投影图像,获得的缺陷尺寸不等同于真实缺陷的大小,需要将电流、电压、焦距和放大倍数 4 个参数通过公式换算成实际尺寸大小,过程比较烦琐。因此,在对粉末制品进行 X 射线数字实时成像检测时需要一个标尺以直接获得缺陷的直径和长度。

为了从数字射线照片上得到导线、金具内部结构的真实尺寸,这里分别对两种情况进行研究,即系统内含标尺和系统内不含标尺。

5.6.1　系统内含标尺

图 5 - 6 所示为 GIS 罐体内部工件尺寸标注,标尺 L_4 置于 X 射线接收转换装置上,像

尺寸为 L_4；导线、电缆或金具（以下简称导线）L，其两端离 X 射线源的距离分别为 S_1 和 S_2，与导线外径轴线的夹角为 θ，在 X 射线接收转换装置上的像尺寸为 L_3。根据几何关系有

$$\frac{S_2}{S_3} = \frac{L_2}{L_3} \qquad\qquad (5-8)$$

式（5 - 8）中，S_2 为导线 L 一端距 X 射线源的距离，S_3 为焦距，它们都可以通过测量和查询导线厂家提供的图纸得到。同样，根据几何关系有

$$\frac{S_1}{S_2} = \frac{L_1}{L_2} \qquad\qquad (5-9)$$

$$L = \frac{S_2 - S_1}{\sin\theta} \qquad\qquad (5-10)$$

$$\tan\theta = \frac{S_2 - S_1}{\dfrac{1}{2}(L_2 + L_1)} \qquad\qquad (5-11)$$

综合式（5 - 8）~（5 - 11），得到

$$L = \frac{\sqrt{L_3^2(S_2 + S_1)^2 + 4S_3^2(S_2 - S_1)^2}}{2S_3} \qquad\qquad (5-12)$$

式（5 - 12）中，L_3 为缺陷 L 的成像尺寸，可以通过图像处理软件得到。计算 L_3 时，以系统内含的标尺 L_3 作为检测工艺尺寸，然后量出 L_3。在已知 S_1、S_2、S_3 和 L_3 的情况下，便可以根据式（5 - 12）求出工件 L 的实际尺寸。

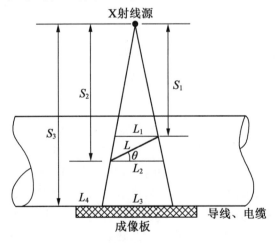

图 5 - 6　GIS 罐体内部工件尺寸标注

5.6.2　系统内不含标尺

图 5 - 7 所示为 GIS 内部缺陷尺寸标注，两缺陷 L_1 和 L_2 处于同一平面，其像尺寸分别为 L_{11} 和 L_{22}。根据几何关系有

$$\frac{S_1}{S_2} = \frac{L_1}{L_{11}} = \frac{L_2}{L_{22}} \tag{5-13}$$

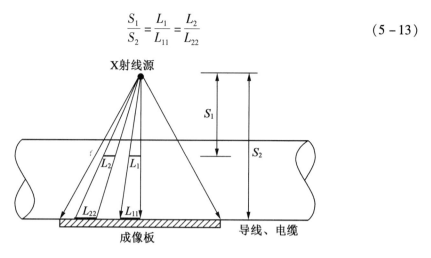

图 5 - 7　GIS 内部缺陷尺寸标注

式(5 - 13)中,S_1 为内部缺陷 L_1、L_2 距 X 射线源的距离,S_2 为焦距,导线型号、导线尺寸 L_1 和 L_2 可通过像尺寸 L_{11} 和 L_{22} 来求得。L_{11} 和 L_{22} 可在图像处理软件上读取,因此只要查询图纸得到 L_1 或 L_2 中一个工件的尺寸,便可求得另外一个工件的尺寸。因此,当测量系统内不含标尺,而又需要知道某一工件的尺寸时,可查询图纸,找到与待测工件同一平面的对比工件,通过对比工件的尺寸来推算待测工件的尺寸。

第6章 导线和高压电缆的脉冲 X 射线检测研究

导线、金具及高压电缆作为输送电力的组成部分,在输电过程中起着非常重要的作用。随着近些年线路事故越来越多,分析其故障原因越来越重要。目前对故障的分析是从电气性能、力学性能(抗拉强度、弯曲强度、冲击强度等),并结合光谱分析、金相分析、化学成分分析、能谱分析等。然而这些方法均有一定的局限性,结合 X 射线检测耐张线夹、线股及金具可有效解决一些内部缺陷问题,对提高实验结果的准确性有重要意义。X 射线数字检测技术对导线压接检测、金具制造检测、电缆缺陷检测、运行过程中抽检、事故失效分析等具有较好的效果。

6.1 导线压接的研究

在架空输电线路的运行过程中,压接型耐张线夹不仅要承担导线的导电功能,还要承受导线的全部张力。架线施工中,架空线的连接是关键项目,同时它又是隐蔽工程。架空导线压接的质量非常重要,它对保证线路的可靠运行,确保安全供电,有非常重要的意义。目前常用的导线压接方法有:钳压法、液压法和爆压法。相对于爆压法和钳压法,液压法操作简单、检查方便、价格低廉、质量可靠,液压连接技术在国内外已经得到广泛的应用和推广。

液压压接中,压接材料、压接机具、操作人员及压接过程的影响,可能导致压接件出现不合格的情况。目前对液压压接质量的检验主要是外观检查、尺寸测量及力学性能抽查实验等。但抽检实验结果的合格并不能保证所有压接件的合格,因此需要有更好的检测方法。目前,国内在这方面的检测上还没有有效的检测办法,因此本书结合 X 射线数字化透射成像技术及拉力验证方法,通过对 NY – 240/30 型耐张线夹实际压接总结出压接过程中可能出现的各个问题及相应的预防措施,从而可以有效保证导线耐张线夹的压接质量。

6.1.1 导线压接设备及工况

通常根据实际情况导线压接,本次压接使用的压接设备参数见表 6 – 1,导线耐张线夹参数见表 6 – 2。

表 6-1　压接设备参数

分离式液压钳	动力源	超高压双速液压油泵	额定油压/MPa	额定出力/kN
TYQ(F)—200 t	2 205 W 汽油机	TJB80 A—Ⅲ型	80	2 000

表 6-2　导线耐张线夹参数　　　　　　　　　　　　　mm

型号	适用导线		主要尺寸						
	型号	外径	D	d	d_1	L	I	Φ	Φ
NY-240/30	LGJ-240/30	21.60	36	16	18	390	100	23.0	7.0

注:表中型号字母及数字意义为:N—耐张线夹;Y—压缩型;数字—铝截面/钢截面。

6.1.2　导线压接遇到的问题及 X 射线检测的应用

由于压接管的压接具有隐蔽性,压接后内部缺陷很难发现,因此可能会有压接管部位异常发热、断线等重大安全隐患,会对输电线路的长久安全运行造成不利影响。导线压接过程中遇到的问题主要有如下几种。

(1)压接管压力泄漏导致握着力不够。作业方法错误或压接设备不适配都可能导致这种情况发生。

(2)压接管穿管不到位导致需压部位压力减少。这种问题大多发生在压接前未认真检查和液压机未正常工作的情况下。

(3)压接管弯曲。主要原因包括导线穿管前,未将导线端头调直;压接导线时,未将导线两端放平,导致导线扭曲;压接管压接时,压接管在压模内发生旋转。

为检测导线压接质量,可使用 X 射线检测法。X 射线检测法是利用 X 射线与物质相互作用规律,在胶片或成像装置上形成压接管压接部位结构影像,能够检查出内部漏压、欠压及压接错位和钢芯断裂等缺陷,是一种无损检测方法。该方法在隐患排查、电网安全生产中发挥着重要作用。X 射线检测法如图 6-1 所示。

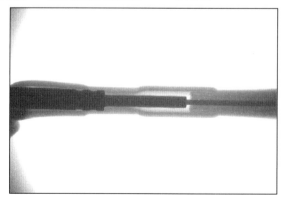

图 6-1　X 射线检测法

6.1.3　施压前准备工作

（1）对所使用导线的结构及规格认真进行检查，导线规格应相符工程设计，并符合国家检测工艺的各项规定。

（2）应用精度为 0.02 mm 的游标卡尺测量所使用的待压管件受压部分的内外直径。外观检查应符合有关规定。用钢卷尺测量各部长度，其尺寸、公差应符合国家检测工艺要求。

（3）液压设备使用前应检查其完好程度，保证正常操作。由于导线压接大部分在现场操作，供电不方便，因此施工大部分采用汽油机为动力。油压表必须定期校核，做到准确可靠。

6.1.4　施压前容易出现的问题

（1）钢锚内部未清理。

新出厂的钢锚内部附着一层非挥发性油，在运输及放置过程中容易进入灰尘。在现场压接及压接实验中得出钢锚内部附着的油为影响钢锚握着力的重要原因。因此压接前应用汽油对其内部进行清洗，在汽油挥发后再进行压接可增大钢芯与钢锚之间的摩擦力，提高钢锚的握着力。

（2）钢芯对人身划伤。

在人工切割铝股时，由于导线较长，弯曲且有一定韧性，因此要抓牢导线的两端头，防止导线弹起伤人，最好有 2～3 个人配合作业。

（3）钢芯损伤。

用钢锯切断外层及内层铝股，在切断内层铝股时，可以采用激光剥线或者环切后手工剥离的方式剥去铝股，手工剥离时只割到每股直径的 3/4 处作为切痕，再将铝股逐股掰断。若直接切断内层铝股容易造成内部钢芯被锯子锯伤，造成导线整体强度不够而达不到要求的拉力。如果重新画印割线，将造成工作量增加和材料浪费。

（4）散股。

在剥离铝股时，应该用铝丝或者胶带在距离切割 10 mm 处进行捆扎，否则容易造成铝股散股或铝线之间排布位置错乱，图 6-2 所示为剥离铝股后容易散股的地方，图 6-3 所示为用铝丝包扎防止散股。散股一方面会使导线套入铝管时卡住，另一方面即使成功套进铝管，压接质量也可能会存在问题。

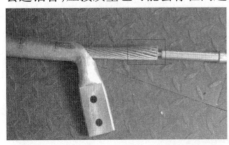

图 6-2　剥离铝股后容易散股的地方　　　　　图 6-3　用铝丝包扎防止散股

（5）穿铝管时卡管。

在剥开钢芯时，如果不用铁丝扎紧切割部位、锯子用力方向不对、未去除切面边缘的毛刺或卷边等会增大铝管与铝股之间的摩擦，容易造成导线散股或铝丝排列散乱从而导致穿管时卡管，进退两难。

（6）钢芯、铝管的施压部分尺寸不足。

铝管尾部端口与钢锚环扎有 2 个凹穴，该处的施压长度要求不小于 60 mm，如果该处尺寸小于 60 mm，容易导致耐张线夹握力下降，图 6 - 4 所示为钢芯施压部分不足，图 6 - 5 所示为铝管施压部分不足。钢锚压接区域尺寸不足，直接影响导线的承拉力。耐张管压接不足也会在一定程度上影响导线承拉力，还容易造成各个击破现象。

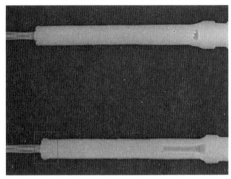 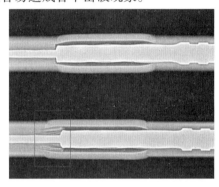

图 6 - 4　钢芯施压部分不足　　　　　　图 6 - 5　铝管施压部分不足

（7）钢锚端口与铝股之间的间隙太小。

在进行剥离铝股时，应保证钢锚端口与铝股之间有 10 mm 左右的间隙，原因有两方面，一方面是在切铝股时会存在画印的尺寸误差，另一方面是铝管的塑性变形明显强于钢锚的塑性变形。间隙过小，会导致压接时铝股和钢锚重叠，形成初始应力，影响钢管的强度；间隙过大，则会导致压接时部分应压接区域未压到，使整体握力减小。

6.1.5　施压过程中容易出现的问题

（1）钢芯插入深度。

在压接钢锚时，钢芯应插到钢锚的底部，NY - 240/30 型号的钢锚实际插入尺寸为 100 mm，由于压接过程中铝管存在变形，实际尺寸可达到 110 mm，钢芯插入钢锚尺寸不足如图 6 - 6 所示。插入深度不足，就会导致钢锚对钢芯的握紧力不足，使导线整体拉力值达不到要求。

（2）导线方向，弯曲力、扭转力。

在压接过程中每次改变压接管施压位置时，导线扭绞拧力的作用，易使压接管已压平面与将压平面发生错位，不在同一个平面内，造成压接管扭曲。钢锚与耐张管的角度是根据工程需要来确定的，如果存在导线扭绞拧力，在压第一模时容易导致钢锚与耐张管相对位置的改变，影响架空线路的安装运行。

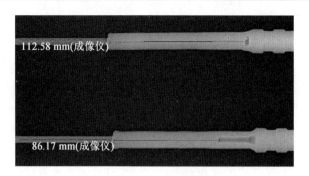

图 6 - 6　钢芯插入钢锚尺寸不足

（3）模具是否对齐。

每种型号的导线和耐张管在压接时都有配套的模具。模具在压接过程中容易出现前后未对齐现象，这样容易导致模具边缘产生弯曲，每模压接距离的减少，会增加压接工作量甚至影响压接质量。

（4）模具重叠压接长度。

施压时相邻两模间应至少重叠 5 mm。在实际压接 NY - 240/30 时，钢锚每模压接区域测量长度为 47 mm，需重叠压接区域长度为 100 mm，相邻两模之间重叠 20.5 mm。铝管每模压接区域测量长度为 85 mm，需重叠压接区域长度为 185 mm，相邻两模之间重叠 35 mm。

（5）模具压接力。

液压机的操作必须使每模都达到规定的压力，而不以合模为压好的检测工艺。根据实际压接经验得到此设备在压接钢锚时需要 50 MPa，在压接铝管时需要 45 MPa，且持续时间为 5 s 左右，须保证每模压接合模后保持时间、压力一致。

（6）模具压接顺序。

按照相关规程的规定，铝管与钢锚的压接顺序都是从中间向端部压接。由于钢芯和铝股的弹性模量不同，因此铝股的内外层变形伸长量也不同，在铝管端部附近常会出现导线鼓肚现象，俗称"灯笼"。这会导致导线截面积增加，影响外观质量及电气性能。

6.1.6　压接完成后应注意的问题

（1）去除飞边。

在压接过程中由于压模的制造误差、使用误差及压接放置的位置不完全一样，因此难免会产生一些飞边，较薄的飞边用锉子可去除，较厚的飞边可用钳子旋转去除，如图 6 - 7 所示。

（2）六边形尺寸测量。

对压接完成后的导线耐张管每个面用精度为 0.02 mm 的游标卡尺测量其尺寸，各种液压管压接后对边距尺寸 S 的最大允许值为

$$S = 0.866 \times (0.993D) + 0.2$$

式中，D 为管外径。但 3 个对边距只允许有一个达到最大值，超过此规定时应更换钢模

重压。

（3）导线压接缺陷检测。

如果导线在做拉力实验合格后,作业人员在压接时的工艺流程是不变的,其他导线不用再做拉力实验。由于铝管塑性比钢锚塑性强,压接过程中如果压接到不压接区域（图 6 - 8）,会增大其握着力,在拉力检测时容易误导作业人员。

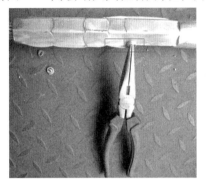

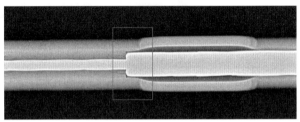

图 6 - 7　用钳子去除飞边　　　　　**图 6 - 8　压接到铝管的不压接区域**

被压管放入下钢模时,位置应正确。检查定位印记是否处于指定位置,双手握住管、线后合上模。此时应使两侧导线或避雷线与管保持水平状态,并与液压机轴心相一致,以减少管子受压后可能产生弯曲,然后开动液压机。液压后管子不应有肉眼可见的扭曲及弯曲现象,发生弯曲变形的程度不能超过管长的 1%,当弯曲程度大于 1% 而小于 3% 时,允许校正,校正后不应有裂纹,有裂纹或者弯曲程度超过 3% 时,应重新压接。

手工剥落铝包线可测量钢芯的长度,但在压接过程中由于存在压接位置放置的误差及钢锚和铝管压接过程会产生变形,因此钢芯的实际压接长度要长于最初的测量尺寸,利用 X 射线数字成像可视化技术就可以在不用拆开压接区域的情况下,清楚准确地测量实际压接尺寸。

（4）力学性能实验。

压缩性耐张管在压接时,铝管在钢锚切除铝股的一部分是不用压接的,钢芯铝绞线的钢铝截面比值不同,相应的铝股、钢芯承受的拉力也不同,目前线路上常用的钢芯铝绞线铝股部分要承受导线计算破断力的一半以上。如果铝管在强度符合检测工艺的情况下,对应的铝包钢芯系列导线伸长率为 2% 时,铝管的承受力值小于铝股部分的承受力值,就会出现"各个击破"现象。实验中耐张管部分未压接 X 射线成像图与出现"各个击破"拉力图分别如图 6 - 9、图 6 - 10 所示。

从图 6 - 9 可以看出,铝管部位没有压接到位,从图 6 - 10 可以看出,铝管和钢芯的伸长率不同,在拉力增大的过程中,首先是钢芯承受较大拉力,因此钢芯先被拉断,钢芯被拉断后铝管独自承受拉力,在 223 s 时很快就被拉断,导致"各个击破"产生。

目前对导线耐张线夹压接问题原因的分析方法主要为外观检查、尺寸测量以及力学性能抽查实验。但上述方法仅能从实验及分析结果对导线耐张线夹部分性能进行判断,不能更直观地检查金具及导线的内部质量、装配质量等,不能判断导线耐张线夹是否存在内部缺陷及压接质量是否合格。因此,需要一种更直观、便捷、有效的方法对电力金具及导线进行监控。X 射线数字成像技术是实现该目的的最有效方法。本书通过实际压接操作,结合 X 射线数字成像技术提出了导线耐张线夹压接前、压接中、压接后可能遇到的问题及预防措施,对之后的导线耐张线夹压接有一定的指导意义。

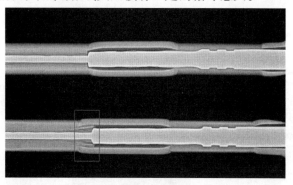

图 6 - 9　耐张管部分未压接

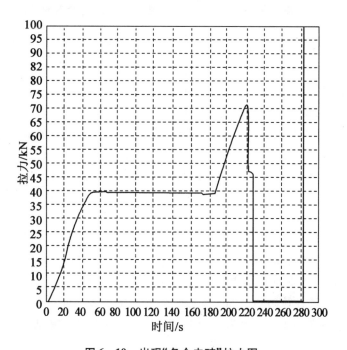

图 6 - 10　出现"各个击破"拉力图

6.2　X 射线数字成像技术的高压输电导线
内部缺陷可视化检测研究

高压输电导线作为电力输送的重要组成部分,一般采用钢芯铝绞线制成,在整个电网中起到至关重要的作用。由于高压输电导线大部分安装于较为偏远无人的地区,环境、气候恶劣,运行工况较差,导线断股、损伤等事故时有发生;服役中的输电导线难以做到与变电站内设备相同的随时监测、定期检验,因此对输电导线的前期安装检验及事故后的原因分析成为确保输电导线质量及运行稳定性的重要方法。

近年来,研究学者对输电导线的研究主要包括导线覆冰灾害、导线舞动特性及输电导线机械特性等方面,而很少对输电导线内部缺陷检测进行研究。输电导线内部缺陷不易发现,钢芯断股、钢芯表面划伤、夹杂、断股、压接深度不足等内部缺陷严重降低了输电线路的载流量和机械强度,影响了输电线路的安全运行。传统的输电导线检测方法仅能通过实验结果进行分析,判断输电导线性能,不能更直观地检查输电导线的内部缺陷、压接质量等。因此,需要一种更直观、便捷、有效的方法对输电导线进行检测。X 射线数字成像技术作为目前正在研究的应用于电力系统的最新技术,已经被证明是一种电力设备检测行之有效的技术,其检测直观、方便、快捷的特点使得对电力设备的检测结果更准确,检测效率更高。

将 X 射线数字成像技术应用于输电导线缺陷检测,可在传统检测方法的基础上,提供一种直观、便捷的检测方法,可对输电导线的材料缺陷、钢芯断股、散股、钢芯表面划伤、夹杂等缺陷进行更为详细的检测。再结合传统检测方法,可对输电导线的质量进行更准确的判断,得出更准确的分析结果,为输电导线的检测及失效原因分析提供新方法和参考依据。

基于此,本书首先对 500 kV 高压输电导线(LGJ - 400/35)进行了 X 射线透照能力实验,并得到了一组适用于高压输电导线 X 射线检测的参数,再在实验室条件下分别对导线常见缺陷进行了模拟和检测,肯定了 X 射线数字成像无损检测技术对高压输电导线内部缺陷检测的可行性和有效性。

X 射线数字成像(Digital Radiography,DR)是一种 X 射线直接数字化摄影技术,它利用平板探测器接收穿透被检工件的 X 射线,再由平板探测器内部晶体电路根据 X 射线剂量强度将其转化为电流信号,最终以数字图像的形式呈现在终端计算机上,与计算机 X 射线摄影成像(Computer Radiography,CR)相比,具有操作简单、用时短、设备体积小、无须更换成像板且图像分辨率高、信噪比强等优点。

利用 X 射线数字成像检测系统对高压输电导线进行检测,主要包括数字成像、图像处理、防护装置和辅助设施四大系统,该系统可实现对电力设备缺陷及隐患的无损透视检测和准确定位,且已经在即将投产关键设备的关键部位的透视检测、电力设备的抽检、生产运行中发生事故设备的分析诊断等方面得到广泛应用。

6.2.1　人工缺陷模拟检测

(1)导线内部缺陷 X 射线模拟检测。

首先在实验室条件下对 500 kV 输电导线(LGJ - 400/35)进行透照能力实验,初步确定了 X 射线对输电导线内部缺陷检测的可行性,接着根据不同的缺陷类型和缺陷所在部位,确定检测参数和照射方法,并利用该参数进行大量的输电导线钢芯断股、钢芯表面划伤、夹杂、散股、压接深度不足等缺陷模拟实验,取得了良好的检测效果,充分证明了 X 射线成像技术对输电导线内部缺陷检测的可行性和有效性。

（2）透照能力测试和参数确定。

在进行设备 X 射线无损检测时，参数的确定直接影响数字图像的清晰度和对比度，利用 X 射线数字成像检测系统对输电导线进行透照能力实验，主要参数包括管电压 U、管电流 I、焦距 F 和曝光时间 t，在验证了透照能力的同时，确定 X 射线检测实验参数见表 6 - 3，利用该参数对输电导线不同区段进行透照能力实验所得 X 射线图像如图 6 - 11 所示。

表 6 - 3　　X 射线检测实验参数

参数	导线段	压接区域
管电压/kV	80 ~ 120	120 ~ 160
管电流/mA	3	3
焦距/mm	700	700
曝光时间/s	8	8

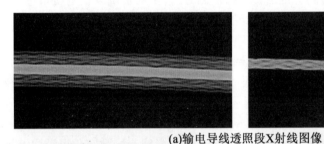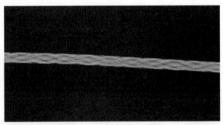

(a)输电导线透照段X射线图像

(b)压接区域X射线图像

图 6 - 11　输电导线检测能力实验 X 射线图像

图 6 - 11(a)所示为输电导线透照段 X 射线图像，因 500 kV 输电导线钢芯外侧有三层铝包线，80 kV 管电压下铝包线纹络清晰可见，而钢芯未照透如图 6 - 11(a)左图所示；为检测钢芯缺陷，需增大管电压至 120 kV，此时铝包线被完全照透，钢芯纹络清晰可见，如图 6 - 11(a)右图所示。图 6 - 11(b)所示为压接区域 X 射线图像，图中导线钢芯在钢锚端口处断股，将钢锚抽出分别照射，左图为耐张线夹，右图为钢锚，由于钢锚材质较硬，须将管电压调整到 160 kV 才能清楚地观察到钢芯压接深度。从 X 射线对输电导线压接区域和透照实验所得 X 射线图像可以看出，图像清晰，透照能力良好，说明 X 射线对输电

导线检测是可行的。

以下内容对输电导线各种缺陷进行模拟,采用 X 射线检测,检测时均采用上述所确定的参数。

(3)钢芯断股缺陷模拟检测。

钢芯是导线的主要承力单元,钢芯断股是导线的主要缺陷。实验时首先将实验导线截断,并将铝包线剥离,再将其中钢芯剪断;为保证铝包线的握着力,选用新的铝包线重新将剪断的钢芯缠裹,模拟因拉力过大导致钢芯断股缺陷,所获 X 射线数字图像如图 6 - 12 所示。

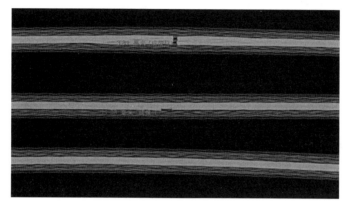

图 6 - 12　钢芯断股缺陷模拟检测

图 6 - 12 中三根导线,最下端导线未设缺陷,用以对比参照;中间导线钢芯被剪断一根且断口处设置一段间隔,从图中可以看出存在一段缺口;最上端导线钢芯被全部剪断,断口清晰可见,与实际模拟缺陷相符。

上述结果说明了利用 X 射线对导线钢芯断股缺陷进行可视化检测的可行性和有效性。

(4)钢芯表面划伤缺陷模拟检测。

将实验导线截断,并将铝包线剥离取出钢芯,使用锉刀在钢芯表面添加 4 条轻微划痕(划痕深约 1 mm,长约 4 mm,倾斜),再用新铝包线缠裹,模拟因制造产生的钢芯表面划伤,所得 X 射线数字图像如图 6 - 13 所示。图 6 - 13(a)所示为 80 kV 管电压下平行于划痕照射所得 X 射线成像效果,图中框部为划痕缺口;图 6 - 13(b)所示为 120 kV 管电压下垂直于划痕照射所得 X 射线数字图像,图中框部缺陷均与实际模拟缺陷相符。

上述结果说明了 X 射线对输电导线钢芯表面划伤缺陷可视化检测的有效性和可行性。

(5)输电导线夹杂缺陷模拟检测。

将实验导线截断,并剥离铝包线后重新缠裹,在缠裹过程中将细小沙粒裹在铝包线各层缝隙中,模拟由于线路施工过程中造成导线夹杂缺陷,所获 X 射线数字图像如图 6 - 14 所示。裹有沙粒导致铝包线纹络较宽,图中框部点状沙粒缺陷与模拟缺陷相符。

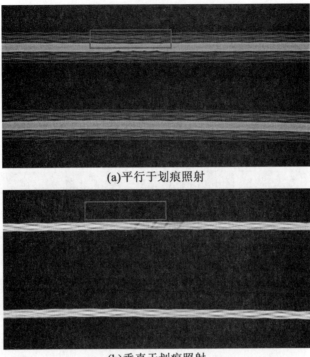

(a)平行于划痕照射

(b)垂直于划痕照射

图 6 – 13　钢芯表面划伤缺陷模拟检测

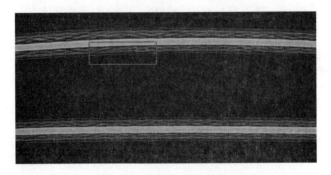

图 6 – 14　输电导线夹杂缺陷模拟检测

上述结果说明了 X 射线对输电导线夹杂缺陷可视化检测的有效性和可行性。

（6）散股缺陷模拟检测。

输电导线散股缺陷较为严重时通常能够直接观察到,若为轻微散股则难以分辨,散股的输电导线经 X 射线照射所获 X 射线数字图像如图 6 – 15 所示,图中散股输电导线明显较粗,且铝包线纹络间隙较大。

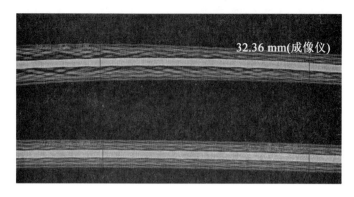

32.36 mm(成像仪)

图 6 – 15　导线散股缺陷模拟检测

上述结果说明了 X 射线对输电导线散股缺陷可视化检测的有效性和可行性。

（7）压接深度不足缺陷模拟检测。

导线压接质量不合格是导致导线事故的主要因素。压接区域导线缺陷主要包括压接程度不够和钢芯插入深度不足，其中钢芯插入深度不足难以直接观察，利用 X 射线透射观察是检测该缺陷的最佳手段。

将实验导线截断，剥离铝包线后取出钢芯，将钢芯一端插入钢锚，预留 15 mm 间隙，再用导线压接机进行压接，模拟导线钢芯插入深度不足导致的压接缺陷，所获 X 射线数字图像如图 6 – 16 所示。

图 6 – 16　压接深度不足缺陷模拟检测

综上，可得出如下结论。

（1）X 射线数字成像技术对高压输电导线、钢芯断股、钢芯表面划伤、夹杂、散股及压接深度不足等典型内部物理缺陷有一定的诊断能力和检测能力，为高压输电导线内部缺陷检测提供了新方法和参考依据。

（2）由于检测位置材料性能和厚度的不同，所获取的 X 射线数字图像质量将受到影响，因此需根据需要观察的部位和缺陷特征选择合适的检测参数。

（3）输电导线表面划伤缺陷模拟检测实验中，由于照射角度不同，所获取的 X 射线数字图像缺陷特征大不相同，因此在进行缺陷检测时，在重点监测部位选择不同的照射方向进行多方位观察，可获得更加直观的数字图像，提高检测的准确性。

6.2.2　耐张线夹钢芯压接尺寸与拉力检测

输电导线作为电力输送的重要组成部分，在整个电网中起到至关重要的作用。而一些导线安装于较为偏远无人的地区，环境、气候恶劣，运行工况较差，运行中难以做到与变电站内设备相同的定期检验、随时监测,因此对导线前期的压接质量及安装检验成为确保导线质量及运行稳定性的重要方法。

液压压接中,压接材料、压接机具、操作人员及压接过程的影响,可能导致压接件出现不合格的情况。目前对液压压接质量的检验主要是外观检查、宏观尺寸测量及力学性能抽查实验等。但抽检实验结果的合格并不能保证所有压接件的合格,因此需要有更好的检测方法。

目前对 X 射线数字成像技术在电力设备上的研究主要是变电站内设备,如 GIS、罐式断路器、避雷器等,因此考虑到 X 射线数字成像技术特点,将该技术引入对导线检测方面的应用研究。

(1)X 射线检测结果。

X 射线检测技术经过一百多年的发展,已经从最初的单纯胶片射线照相检测发展为先进的以数字技术为特征的无损检测方法。近年来,X 射线逐渐应用于电力设备的故障检测中,为导线、GIS 变电站的罐式断路器、变压器、母线、电流电压互感器等电力设备的安全运行提供重要保障。

在研究钢芯压接尺寸的实验中,对钢芯插入钢锚尺寸在 0 ~ 50 mm 的导线两端压接相同的尺寸,对钢芯插入钢锚尺寸在 60 ~ 100 mm 的导线一端正常压接,另一端按照实验设定的尺寸压接。由于在压接过程中存在人为因素,因此实际压接尺寸会存在一定误差。而要得到钢芯压接尺寸与导线承受拉力之间的关系就需要准确测量钢芯的实际压接尺寸。

X 射线可以在不破坏导线的情况下方便、快捷、准确地测量出钢芯的压接尺寸。X 射线仪器实验参数,见表 6 - 4。通过改变导线的放置位置及相应软件的尺寸测量,得到钢芯压入钢锚的实际尺寸,见表 6 - 5。钢芯压接尺寸为 0 mm、60.44 mm 的 X 射线检测图分别如图 6 - 17(框中为钢芯未压接区)、图 6 - 18 所示。

表 6 - 4　X 射线仪器实验参数

仪器种类	射线种类	焦点尺寸/mm	管电压/kV	管电流/mA	焦距/mm	曝光时间/s
便携式	X 射线	3.0	60/120	3.0	600	8

表 6 - 5　X 射线检测钢芯插入钢锚的实际尺寸　　　　　　　　　　　　　　　mm

钢芯尺寸	0	10	20	30	40	50	60	70	80	90	100
A 端	0	17.15	28.72	34.99	45.61	54.72	119.58	115.16	115.57	112.05	116.12
B 端	0	13.48	15.11	27.23	51.46	66.58	61.66	70.79	86.98	95.04	112.99

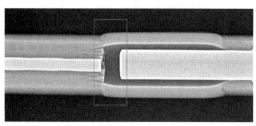

图 6-17　钢芯压接尺寸为 0 mm 的 X 射线检测图

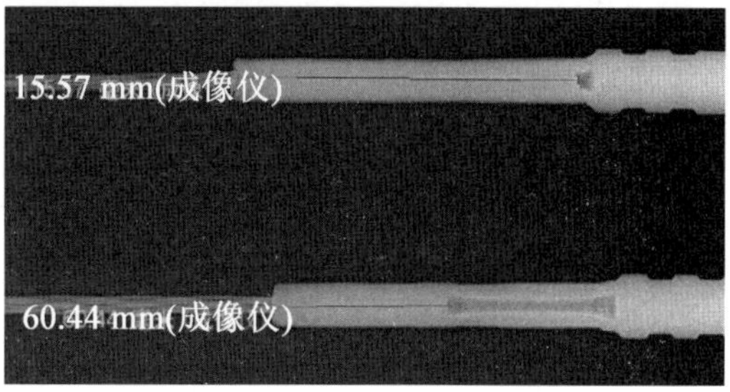

15.57 mm(成像仪)

60.44 mm(成像仪)

图 6-18　钢芯压接尺寸为 60.44 mm 的 X 射线检测图

（2）拉力实验。

钢芯铝绞线（简称 ACSR 导线）是由单层或多层铝股线绞合在镀锌钢芯线外的加强型导线，为确保钢芯铝绞线的安全可靠运行，需对钢芯铝绞线及其配套的耐张管钢锚等金具的力学特性进行研究，确保其在使用过程中能承受张拉荷载、弯曲磨损、振动疲劳等多重载荷。

实验所用的拉力机型号为 100 t/30，电压为 380 V，功率为 8 kW。架线工程开工前应对该工程实际使用的导线、避雷线及相应的液压管，同配套的钢模，按规程规定的操作工艺制作检验性试件。导线型号为 JL/G1A - 240/30，额定抗拉力为 75.19 kN。首先，将导线拉至 50% 的额定拉力，即 37.595 kN，保载 120 s；其次，将导线拉至 95% 的额定拉力，即 71.430 5 kN，保载 60 s；最后记录导线或者耐张线夹脱落时的最大拉力及相应的拉力图，如图 6-19~6-22 所示。

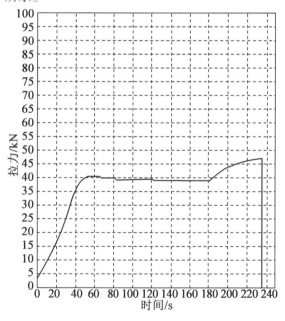

图 6-19　未压接铝模导线拉力图

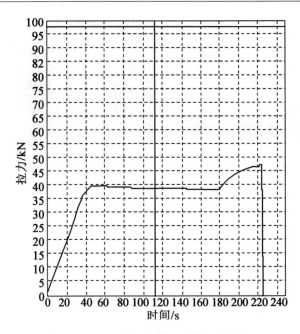

图 6 – 20　只压接铝管防水模导线拉力图

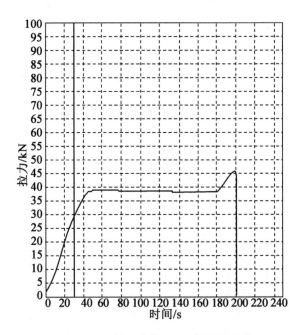

图 6 – 21　钢芯压接 0 mm 导线拉力图

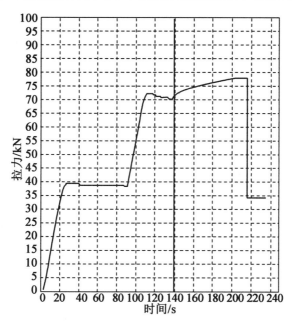

图 6 – 22　钢芯压接 100 mm 导线拉力图

从拉力实验结果(表 6 – 6)可以看出,钢芯插入钢锚深度为 0 mm 时,铝模单独承受的拉力为 46.0 kN;铝模压接量为 0 mm 或者只压接铝管防水模时,钢芯单独承受的拉力为 46.5 kN。钢芯插入钢锚深度为 45.61 mm 时,导线不满足拉力要求;钢芯插入钢锚深度为 54.72 mm 时,导线可以满足拉力要求;钢芯插入钢锚深度为 86.98 mm 时,导线在拉力第二阶段断裂,其原因是在导线压接准备过程中,钢芯被锯条锯伤,并不具有普遍代表性。

表 6 – 6　钢芯不同压接尺寸导线拉力结果

序号	钢芯插入钢锚深度/mm	50% 拉力是否拉脱或拉断	95% 拉力是否拉脱或拉断	最大拉力/kN
1	0	否	A 端铝管断裂	46.0
2	13.48	否	B 端钢芯脱落	46.5
3	15.11	否	B 端钢芯脱落	49.0
4	27.23	否	B 端钢芯脱落	56.5
5	45.61	否	A 端钢芯脱落	68.0
6	54.72	否	否	77.5
7	61.66	否	否	78.0
8	70.79	否	否	77.0
9	86.98	否	B 端钢芯断裂	71.5
10	95.04	否	否	77.5
11	112.99	否	否	78.1

钢芯压接尺寸与导线拉力图如图 6 - 23 所示。

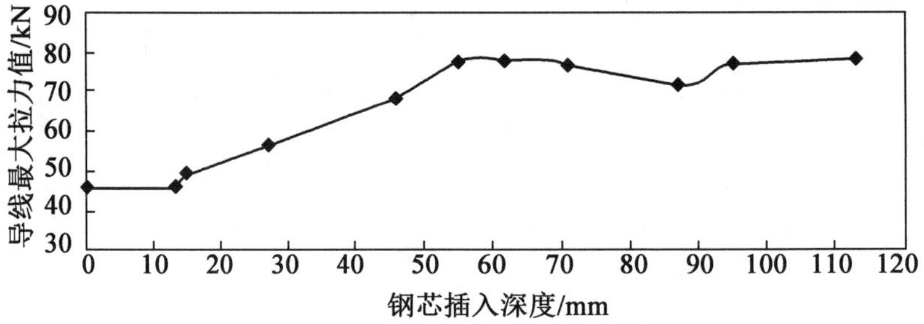

图 6 - 23　钢芯压接尺寸与导线拉力图

　　钢芯铝绞线的综合拉断力是组成导线的所有钢芯与所有铝股拉断力的总和,虽然铝股的延伸率数倍于钢芯的延伸率,但在经过数次实验后纠正了钢芯铝绞线的综合拉断力主要是由钢芯拉断力决定的这一错误认识。从图 6 - 19 和图 6 - 20 可以看出,钢芯与铝模所承受拉断力很相近,因此无论是在压接钢芯还是在压接铝模时都应该认真按照规范的流程操作,才能保证钢芯铝绞线的综合拉断力。

　　从图 6 - 20 和图 6 - 21 可以看出,在压接铝管防水模时,它的作用只是防止水分进入耐张管内部而引起腐蚀,在实际运行应用过程中并不承受拉力。

　　从表 6 - 20 和图 6 - 22 可以看出,在铝管正常压接的情况下,钢芯插入钢锚的深度最少为 50 mm 才能满足导线的拉力要求,低于 50 mm,一定为不合格的导线,需要重新压接。

　　通过改变钢芯插入钢锚的深度,结合 X 射线数字透照成像技术,得到钢芯铝绞线钢芯压接尺寸与整体机械载荷之间的关系。在导线压接过程中钢芯的压接尺寸最少为 50 mm,钢芯压接与铝模压接对钢芯铝绞线整体拉断力的作用基本相当,铝管防水模压接时虽然不承受拉断力,但其可防止水分腐蚀对导线电气性能的影响。因此,在输电线路工程压接施工过程中,施工操作人员与监督人员必须认真执行相关的压接工艺检测以确保导线压接质量,确保输电线路的安全运行。

6.2.3　耐张线夹钢芯压接尺寸与铝管压模量对导线拉力综合影响的研究

　　(1)实验方案设计。

　　本实验使用的导线型号为 LGJ - 240/30,压接设备为分离式液压钳 TYQ(F) - 200t。导线的整体拉断力主要取决于耐张线夹钢芯在钢锚的压接尺寸与铝管压接尺寸。通过同时改变钢芯压接尺寸与铝管压接尺寸,在压接时确定任意一个变量,可得到另一个变量的最小值。

　　压接时钢芯的压接尺寸分别为 0 mm、20 mm、40 mm、50 mm、60 mm、70 mm、80 mm、100 mm。铝管压接尺寸分别为 0 mm、50 mm、100 mm、150 mm、200 mm。首先确定铝管的压接尺寸,然后依次改变钢芯的压接尺寸,根据经验及常识,某些组合没必要进行实验,如铝管和钢芯的压接尺寸均为 0 mm 时,一定是不合格的。然后对压接好的导线进行 X 射线无损检测,并测量得到其实际压接尺寸。最后进行拉力实验检测,检测导线是否合格。这样就会得到多个能满足导线拉断力的临界点。再利用曲线模拟的方法就可以得到所需的实验结果。

(2)实验结果及分析。

基于 X 射线数字成像技术具有检测直观、方便、快捷的特点,因此检测结果更准确,检测效率更高。目前,X 射线数字成像技术已经在医学、航天、机械等领域广泛应用。近年来,X 射线在电力设备检测中的作用也日益凸显。例如利用 X 射线数字成像技术对变电站内设备(如 GIS、罐式断路器、避雷器等)的故障进行无损检测,可以在不开启设备的前提下检测设备内部是否存在异物、机械结构是否发生偏移、是否存在裂纹等缺陷,检测效率更高且费用更低。

X 射线可以在不破坏导线的情况下方便、快捷、准确地测量出钢芯的压接尺寸。设置 X 射线机相应的实验参数,见表 6−7。通过改变导线的放置位置及相应软件的尺寸测量,得到钢芯压入钢锚的实际尺寸,见表 6−8。不同压接尺寸下的 X 射线透照图,如图 6−24 所示。

表 6−7　X 射线机实验参数

X 射线机种类	射线种类	焦点尺寸/mm	管电压/kV	管电流/mA	焦距/mm	曝光时间/s
便携式	X 射线	3.0	60/120	3.0	600	8

表 6−8　X 射线检测钢芯、铝管实际压接尺寸

铝管压接尺寸/mm	0	4	5	5	10	10	15	15	20	20
钢芯 A 端尺寸/mm	114.76	112.36	67.18	75.25	53.09	84.33	36.14	65.14	32.54	47.23
钢芯 B 端尺寸/mm	113.26	110.21	61.09	70.79	53.31	72.92	36.14	64.53	36.46	49.82

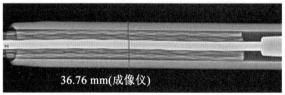

(a)钢芯插入10 mm,铝管压接尺寸0 mm

图 6−24　不同压接尺寸下的 X 射线透照图

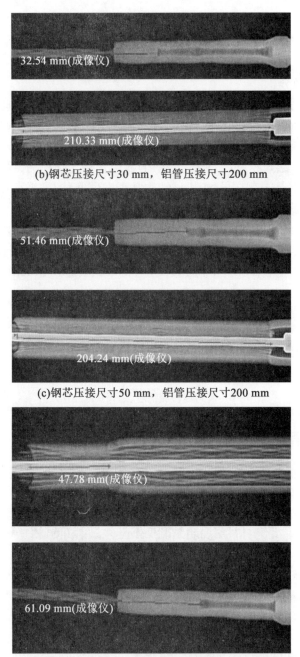

(b)钢芯压接尺寸30 mm，铝管压接尺寸200 mm

(c)钢芯压接尺寸50 mm，铝管压接尺寸200 mm

(d)钢芯压接尺寸60 mm，铝管压接尺寸50 mm

续图 6－24

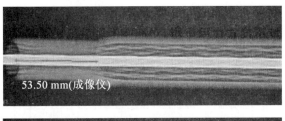

53.50 mm(成像仪)

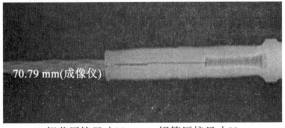

70.79 mm(成像仪)

(e)钢芯压接尺寸80 mm，铝管压接尺寸50 mm

续图 6 – 24

（3）拉力实验结果及分析。

实验所用的拉力机型号为 100 t/30,电压为 380 V,功率为 8 kW。架线工程开工前应对该工程实际使用的导线、避雷线及相应的液压管,同配套的钢模,按规程规定的操作工艺制作检验性试件。导线型号为 JL/G1A – 240/30,额定抗拉力为 75.19 kN。首先,将导线拉至 50% 的额定拉力,即 37.595 kN,保载 120 s;其次,将导线拉至 95% 的额定拉力,即 71.430 5 kN,保载 60 s;最后记录。钢芯、铝管不同压接尺寸下的拉力图如图 6 – 25 所示。

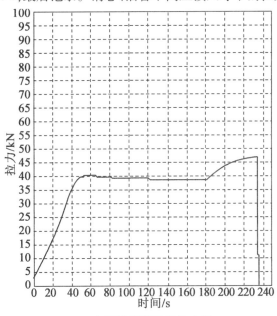

(a)未压接铝模导线拉力图

图 6 – 25　钢芯、铝管不同压接尺寸下的拉力图

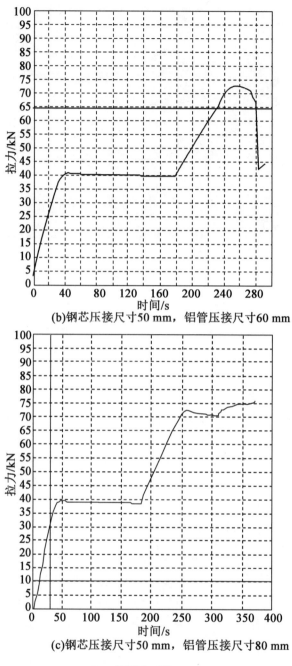

(b)钢芯压接尺寸50 mm，铝管压接尺寸60 mm

(c)钢芯压接尺寸50 mm，铝管压接尺寸80 mm

续图 6−25

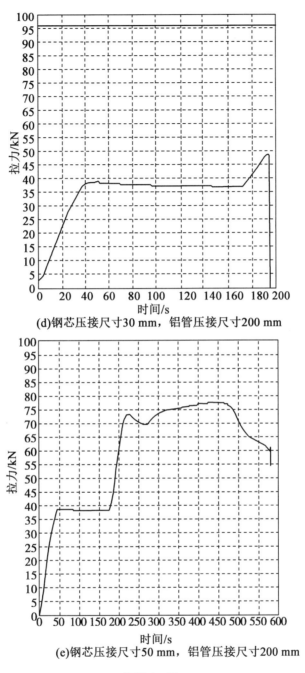

(d)钢芯压接尺寸30 mm，铝管压接尺寸200 mm

(e)钢芯压接尺寸50 mm，铝管压接尺寸200 mm

续图 6－25

图 6 - 25 所示为几组具有代表性的拉力图,表 6 - 9 列出几组具有代表性的拉力结果。通过多组 X 射线机及拉力检测结果得出满足导线承压能力的钢芯压接尺寸和铝管压接尺寸相应的临界点,绘制出如图 6 - 26 所示的曲线图,曲线上部分区域为满足导线承压能力压接尺寸的区域,导线下部分区域均为不合格区域。在实际工程压接时,钢芯压接尺寸及铝管压接尺寸要在曲线的上部分区域。

表 6 - 9　钢芯、铝管不同压接尺寸导线拉力结果

序号	铝管压接尺寸/mm	钢芯压接尺寸/mm	50% 拉力是否拉脱或拉断	95% 拉力是否拉脱或拉断	最大拉力/kN
1	0	113.26	否	钢芯被拉断	47.5
2	40	110.21	否	否	78.0
3	50	61.09	否	B 断铝股断	71.9

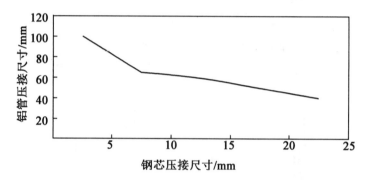

图 6 - 26　导线钢芯、铝管压接尺寸 - 拉力曲线图

导线承压能力主要取决于两端耐张线夹及接续管的钢芯压接尺寸与铝管压接尺寸。本书提出了导线在实际液压压接过程中质量保证的一种方法,并粗略地得到钢芯及铝管的具体压接尺寸。通过改变导线耐张线夹的钢芯压接尺寸和铝管压接尺寸,利用 X 射线数字成像系统检测其实际压接尺寸及利用拉力机检测其承压能力,得到钢芯压接尺寸和铝管压接尺寸与导线承压能力之间的曲线图。这对工程上导线实际压接具有重要意义。

6.3　X 射线对电缆的可视化检测

随着社会经济的发展,电网电力电缆化率在逐步提高。线路规模的快速发展,使得电缆的可靠运行对电网安全可靠运行的影响程度日益提高,而电缆故障缺陷问题相对集中在外力破坏、电缆线路施工工艺及设备产品质量上。电缆缺陷到故障发生除贯穿性外力破坏外,是需要一个运行过程的,如非贯穿性外力损伤、压伤等。电缆的中间及两端接头是电力系统安全运行中最薄弱环节,因此急需一种较为有效的检测手段在不破坏电缆的情况下对其进行快速检测分析缺陷,从而为缺陷的处理策略提供可靠的依据。

将 X 射线数字成像技术应用于电力电缆及附件检测,可在传统检测方法的基础上,提供一种直观、便捷的检测方法,在不破坏电缆设备的基础上,查看电缆设备的内部情况,及时发现电缆设备的潜在运行隐患,如外力破坏损伤及电缆主绝缘、电缆应力锥移位、半导电处理不良、铜带处接触不良等,避免电缆设备意外击穿造成的停电事故。在未威胁电缆正常运行的微小缺陷情况下,减少了电缆设备的更换频度,避免了电网设备重复投资。

6.3.1　电力电缆常见的故障及诊断方法

配电网的电力电缆送电比较可靠,而且不受风吹雨打的影响,因此现在被越来越多的供电建设看重。但是由于电力电缆长期运行及施工中一些问题,埋在地下的电力电缆也会存在多种故障。

①机械损伤。机械损伤引起的电力电缆故障占电力电缆事故的比例很大。造成机械损伤的主要原因有安装时损伤、直接受外力损伤、行驶车辆碾压损伤、土地沉降造成的电力电缆接头和导体损伤。

②绝缘受潮。电力电缆在地下长期运行过程中,地质原因、接头处密封不严进水、电力电缆制造不良、金属保护套受外力拉裂或腐蚀破损等导致电力电缆接头和导体电气性能下降。

③绝缘老化变质。电力电缆在运行过程中受到电、热、化学、环境等因素的影响,电力电缆的绝缘层都会发生不同程度的老化。

④过电压。大气与电力电缆内部过电压作用,使电力电缆绝缘层击穿,形成故障。

⑤材料缺陷。电力电缆制造过程中,对电力电缆及其附件的绝缘材料维护管理不善,不按照规程制造。

从各种实际情况来看,电力电缆出现这些故障的原因主要有制造电力电缆时中间接头和两端接头接触不到位或接触不良、施工人员在安装过程中技术水平较差及责任心不强,有些没有安装电缆沟而是直接将电力电缆埋在地下,让电力电缆和土壤直接接触。某些电力电缆的外皮弄破受损,土壤中的水分就会渗透进去,电力电缆很容易受到腐蚀渗透,导致阻抗增大;多个单位同时施工,未考虑地下电力电缆的布设情况,造成电力电缆外皮损伤或者导线断裂。这些故障会导致电力电缆的绝缘性能或导电性能降低,使其承受的电压等级和载流量不足。如果线路出现负荷过重或者谐波过高等情况时,就会将外层绝缘层击穿造成故障。

6.3.2　X 射线检测

目前,国内外关于电力电缆故障的测试有多种不同的方法,测试步骤也基本一致,首先进行初步故障诊断,然后根据诊断结果进行故障预定位,最后进行精确定位。电力电缆故障最常见的位置是两端及中间接头。可能出现的故障包括中间接头压接不到位、钢锚压接出现明显弯曲、两端铜接头出现滑移、铜线之间绝缘层破坏、绝缘胶皮内部存在气孔和夹杂等,通过 X 射线检测可快速准确地找到故障点。由于 X 射线的穿透力随阻碍物的增加而衰退,因此对不同材料、不同部位及不同型号的电力电缆需要设置不同的实验参数。本书通过改变 X 射线机管电压,从 70～150 kV,来观察不同型号的电力电缆内部及同种型号电力电缆的不同部位,X 射线机的参数见表 6 – 10,电缆可视化 X 射线图如图6 – 27 所示。

表 6 – 10　　X 射线机的参数

编号	焦距/mm	电压/kV	电流/mA	曝光时间/s	采集次数
1	600	70～150	3	2	4

　　图 6 – 27(a)为 X 射线检测电缆的位置摆放实物图。图 6 – 27(b)为 100 kV,3×70 mm 的电缆端头在电压等级为 100 kV 下的 X 射线图,可以看出绝缘胶皮、铜线及铜触头均制造良好,未发现明显的缺陷。图 6 – 27(c)、(d)分别为百千伏级,3×70 mm 与 3×150 mm 电缆在电压等级为 100 kV 及 120 kV 下的 X 射线图,可看出前者铜质接头压接良好而后者存在较大的缝隙,此故障会影响电缆的电气性能及机械性能。图 6 – 27(e)、(f)为两种电缆中间接头分别在电压等级为 130 kV 及 140 kV 的 X 射线图,可以看出两种电缆的中间接头处均存在一定的缝隙,为电缆压接时造成的缺陷。

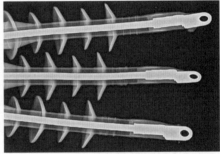

(a)X射线检测电缆位置图　　　　　　　(b)50 kV下的X射线图

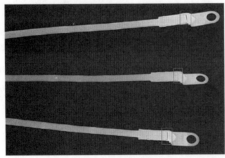
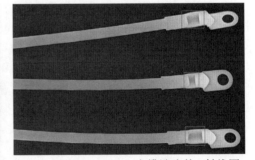

(c)100 kV下3×70 mm电缆端头的X射线图　　(d)120 kV下3×150 mm电缆端头的X射线图

图 6 – 27　电缆可视化 X 射线图

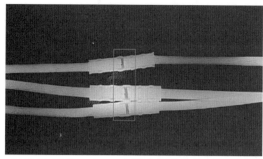

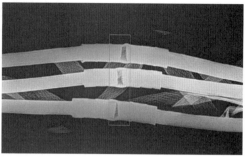

(e)130 kV下3×70 mm电缆中间接头的X射线图　　(f)140 kV下3×150 mm电缆中间接头的X射线图

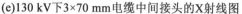

续图 6 – 27

6.3.3　拉力检测

为确保电缆的安全可靠运行,需对电缆及其配套的附件等金具的力学特性进行研究,确保其在使用过程中能承受张拉荷载、弯曲磨损、振动疲劳等多重载荷。实验所用的拉力机型号为 100 t/30。额定电压为 380 V,额定功率为 8 kW。电缆型号为 10 kV,3 ×70 mm与 3 ×150 mm,将电缆三相接头分别挂在拉力机上,进行拉力极限检测直到得到电缆的拉力极限值。观察出现故障的部位及破坏的类型。最后记录电缆接头夹脱落时最大拉力及相应的时间 – 拉力曲线图,分别如图 6 – 28 和图 6 – 29 所示。从而可以得出电缆在电网运行中所能承受的最大拉力,防止由于让电缆接头承受过大拉力而出现故障。

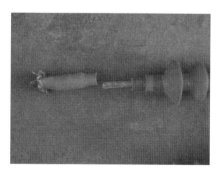

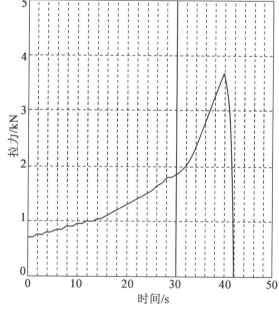

图 6 – 28　接头夹脱落实例　　　　　图 6 – 29　电缆时间 – 拉力曲线图

电缆在电网运行过程中,两端铜质接头虽然不承受主要的拉断力。但在挂网过程中由于地势走向、自然环境等工况不同,因此电缆两端也会承受一部分拉力。从图 6-22、图 6-23 可以看出,随着拉力的增大,电缆的铜质接头出现脱落,且最大承受拉力为3.6 kN。

在传统检测方法的基础上,通过 X 射线数字成像技术对 10 kV,3 × 70 mm 与 3 × 150 mm电缆的故障缺陷进行检测,如外力破坏损伤及电缆主绝缘、电缆应力锥移位、半导电处理不良、铜带处接触不良等。通过 X 射线曲线图与导线时间 - 拉力曲线图,得到导线两端铜质接头压接不到位、空隙过大,中间接头处也存在压接尺寸不足、空隙过大等故障,也得到电缆在电网运行过程中两端铜质接头所能承受的最大拉力,对电缆的故障检测及现场安装有重要意义。

6.4　X 射线对金具检测的研究

X 射线数字成像技术对金具及其装配质量的检测研究。

(1)常用金具单件制造质量检测。

所研究金具包括悬垂线夹、耐张线夹、接续管、挂环、挂板等。对上述金具中可能存在的制造疏松、夹杂、气孔、裂纹、分层等缺陷利用 X 射线数字成像技术进行检测,研究缺陷在 X 射线数字成像技术下检出的可行性,并对缺陷进行成像图像的辨识及定量分析。

(2)常用金具装配质量检测。

对上述金具进行装配,如对悬垂线夹、耐张线夹、接续管与导地线进行装配,对球头挂环与碗头挂板进行装配,对 U 型环与挂板进行装配等。对装配后的金具利用 X 射线数字成像系统进行装配质量检测研究,研究装配间隙、压紧程度等的 X 射线数字成像能力,以及在成像图像中的辨识率,并力争对装配质量进行定性及定量分析。

6.5　导线压接不合格案例

6.5.1　基本情况

2015 年 02 月 02 日 01 时 56 分,某 220 kV 线路 40—41 号塔发生断线,事件发生时气象及自然灾害情况是:气温 -4℃、雨夹雪、线路覆冰。

覆冰受损线路简介如下。

220 kV 某线路全长 37.371 km,共 99 基杆塔。

2014 年 2 月份因覆冰造成断线,并于 2014 年 10 月 27 日对 220 kV 某线路进行冰灾加固,更换杆塔 3 基(39、40、41 号塔),新架线路 1.259 km,2014 年 11 月 14 日加固完毕。

故障区段:220 kV 某线路 40—41 号塔。

杆塔型号:JBF2331A—27(40 号塔),JBF2331A—24(41 号塔)。

导线型号:2 × JLHA1/GIA—365/25。

使用挡距:521 m。

线路于 2012 年 8 月 20 日投运。

图 6 - 30 所示为 41 号塔 A 相导线挂点,图 6 - 31 所示为钢锚拉断现场照片。

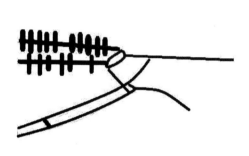 

图 6 - 30　41 号塔 A 相导线挂点　　　　　图 6 - 31　钢锚拉断现场照片

6.5.2　分析过程

来样共 3 段,第一段为钢锚脱出、引流板折断的耐张线夹及与之相连的一段导线,导线编为 1 - 1#,如图 6 - 32 所示,图 6 - 33 和图 6 - 34 所示为钢锚脱出的压接管,编为 1 - 1#线夹。

第二段为脱出的钢锚,如图 6 - 35 所示,钢锚的断口如图 6 - 36 所示,编为 1 - 1# 钢锚。

第三段为断线导线的另一端,耐张线夹完好,如图 6 - 37 所示,编为 1 - 2#线夹。

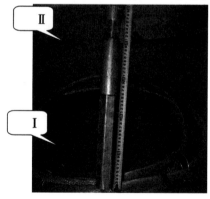 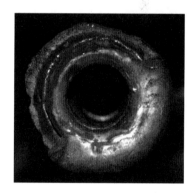

图 6 - 32　1 - 1#线夹,钢锚从压接管中脱出,钢芯拉断　　　图 6 - 33　钢锚脱出的压接管 1

图 6 – 34　钢锚脱出的压接管 2

图 6 – 35　1 – 1#钢锚,从压接管中脱出的钢锚,钢芯拉断

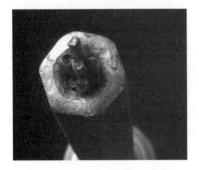

图 6 – 36　1 – 1#钢锚断口

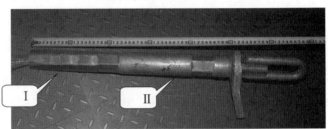

图 6 – 37　断线导线另一头完好的线夹,编为 1 – 2#线夹

（1）对边距测量。

为了检查线夹压接是否符合规范,对线夹的对边距进行测量。

线夹分两段进行压接,靠入口一段编为Ⅰ段,靠出口一段编为Ⅱ段,如图 6 – 37 和图 6 – 41 所示。

（2）铝管对边距测量。

Ⅰ段 1 – 1#线夹压了 7 模,1 – 2#线夹压了 5 模;Ⅱ段各压了一模。从线夹入口向出口侧编号,每一模测量 3 个对边距,数据见表 6 – 11、表 6 – 12。

根据 SDJ 226—87《架空送电线路导线及避雷线液压施工工艺规程》,第 4.0.2 条:各种液压管压后对边距尺寸 S 的最大允许值为 $S = 0.866 \times (0.993D) + 0.2$ mm。其中 D 为管外径。因线夹为非标型号,经实测,铝管外径为 52.2 mm,则铝管最大允许值 S 为 45.09 mm;且每面 3 个对边距只允许一个达到最大值。

测量结果:1 – 1#铝管和 1 – 2#铝管分别有 1 模和 7 模对边距超过检测工艺要求,超过的对边距数值介于 45.10 ~ 45.36 mm,此次断线的 1 – 1#线夹仅有 1 处对边距超过检测工艺要求 0.05 mm,因此对边距略超不是造成此次导线断裂的原因。

表 6 − 11   I 段对边距压接尺寸

mm

编号	1 − 1#线夹			1 − 2#线夹		
①	44.48	44.13	44.29	44.80	45.30	45.12
②	44.40	44.91	44.73	44.90	45.22	45.36
③	44.43	44.51	44.32	44.94	45.04	45.13
④	44.44	44.60	44.70	44.87	44.99	44.89
⑤	44.48	45.14	44.45	44.96	44.88	44.92
⑥	44.52	44.46	44.46	—	—	—
⑦	44.70	44.49	44.66	—	—	—

表 6 − 12   II 段对边距压接尺寸

mm

编号	1 − 1#线夹			1 − 2#线夹		
①	45.08	44.68	44.62	45.05	45.10	45.12

（3）钢锚对边距测量。

根据 SDJ 226—87《架空送电线路导线及避雷线液压施工工艺规程》，钢锚外径为 16 mm，最大允许值 S 为 13.95 mm。

1 − 1#钢锚共压了 5 模，从钢锚入口开始编号，分别编为①~⑤，每一模测量 3 组对边距，按设计外径为 16 mm 计算，有 2 模对边距超过检测工艺要求（表 16 − 13）。

在带有 1 − 2#线夹的导线另一端，按压接钢锚 3 道环箍的工艺压接线夹后进行拉断实验，实验中 1 − 2#线夹钢锚被拉出，钢芯被拉断，断裂位置为钢锚出口处，测量钢锚的对边距，对边距均符合检测工艺要求，数据见表 6 − 14。

表 6 − 13   1 − 1#钢锚对边距尺寸测量结果

编号	对边距/mm		
①	13.87	13.87	13.69
②	13.70	13.80	13.86
③	13.98	14.12	13.91
④	13.72	13.82	14.24
⑤	14.04	13.89	13.81

表 6 – 14　1 – 2#钢锚对边距尺寸测量结果

编号	对边距/mm		
①	13.88	13.94	13.86
②	13.87	13.88	14.01
③	13.86	13.86	13.88
④	13.77	13.80	13.82
⑤	13.89	13.82	13.90

（4）断口检查。

在体视显微镜下观察钢芯及铝股断口,钢芯断口形貌为正常拉断的杯锥状和 45°斜断口,呈现单向拉断特征,断口边缘无机械损伤痕迹。1 – 1#钢锚断口如图 6 – 38、图 6 – 39 所示。

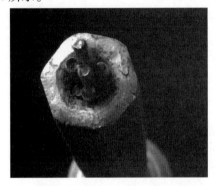

图 6 – 38　1 – 1#钢锚断口 1

图 6 – 39　1 – 1#钢锚断口 2

扫描电子显微镜下也未观察到导线有疲劳损伤的痕迹,图 6 – 40 所示为 1 – 1#钢锚在扫描电子显微镜下的断口。

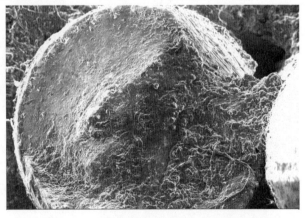

图 6 – 40　1 – 1#钢锚在扫描电子显微镜下的断口

（5）导线整体拉断力实验。

图 6 – 41 和图 6 – 43 所示为 1 – 1#线夹和 1 – 2#线夹分两段压接,将压接的这两段分别编为Ⅰ段和Ⅱ段,Ⅰ段压接钢芯和铝股,Ⅰ段和Ⅱ段之间铝管不压接,Ⅱ段主要压接钢锚的环箍,钢锚上有 3 道环箍,环箍与铝管压缩成一个整体,传递整根导线的拉力。

将钢锚与 1 – 1#线夹相比较,可以看出钢锚仅压接了靠出口端的 1 道环箍,如图 6 – 42 所示。

图 6 – 41　1 – 1#线夹

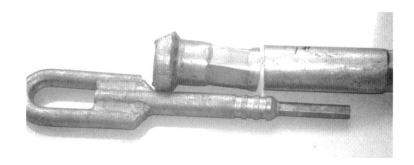

图 6 – 42　1 – 1#钢锚与铝管

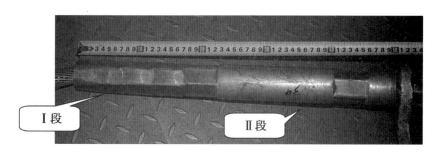

图 6 – 43　1 – 2#线夹

由图 6 – 41 和图 6 – 43 可见,1 – 1#线夹和 1 – 2#线夹的Ⅱ段压接范围基本一致,都是距线夹入口处 405 ~ 455 mm 范围内。

对 1 – 2#线夹进行 X 射线检测,结果如图 6 – 44 所示,由图可见,钢锚的环箍仅压到了靠线夹出口处的一环。

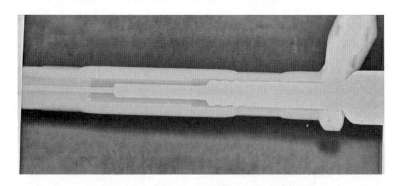

图 6 - 44 1 - 2#线夹 X 射线透视检测影像

为了检验 1 - 2#线夹的拉断力,在该线夹导线的另外一端按 3 道环箍均压接的工艺压接后进行拉力实验,编为 1 - 3#线夹。1 - 2#线夹在 141.7 kN 时钢锚被拉断(图 6 - 45)。

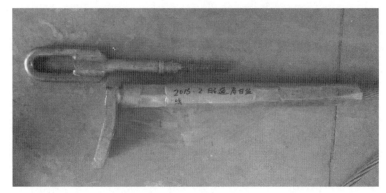

图 6 - 45 1 - 2#线夹拉力实验后,断在钢锚出口处(141.7 kN)

为了检验导线在压接 3 道环箍、只压 1 道环箍和不压环箍情况下的拉断力,取 6 段导线,分别编号为 2# ~ 7#,按这 3 种工艺压接并进行拉断力实验。每根导线两端各压 1 个线夹,线夹分别编号,如 2 - 1#表示 2#导线的 1#线夹、2 - 2#表示 2#导线的 2#线夹,以此类推。

2#、3#、4#导线 6 个线夹均压缩 3 道环箍。

5#导线 2 个线夹均不压缩环箍。

6#、7#导线原计划 4 个线夹均只压 1 道环箍,但压缩后经 X 射线检测表明除了 6 - 1#为压了 1 道环箍外,另外 3 只线夹均压了 3 道环箍。

上述导线实验结果见表 6 - 15。

表 6 – 15　在压接不同道数环箍时导线的抗拉强度

导线编号	线夹编号	压接箍数	是否拉断	断口部位	拉断力/kN
1	1 – 2#	1	是	钢锚出口	141.7
	1 – 3#	3	否	—	—
2	2 – 1#	3	是	铝管出口	147.8
	2 – 2#	3	否	—	—
3	3 – 1#	3	是	铝管出口	146.6
	3 – 2#	3	否	—	—
4	4 – 1#	3	否	—	—
	4 – 2#	3	是	铝管出口	147.4
5	5 – 1#	0	是	钢锚出口	74.2
	5 – 2#	0	否	—	—
6	6 – 1#	1	是	钢锚出口	143.2
	6 – 2#	2	否	—	—
7	7 – 1#	2	是	—	—
	7 – 2#	2	否	铝管出口	144.9

实验结果分析如下。

①根据 GB/T 1179—2008《圆线同心绞架空导线》规定,导线的实验抗拉强度不低于 95% RTS,即 141.3 kN。

7 根导线的抗拉强度,除了 5#导线的抗拉强度为 74.2 kN(线夹 5 – 1#),仅为检测工艺要求的 53% 以外,其余 6 根导线的抗拉强度均满足检测工艺要求,拉断力介于 141.7 ~ 147.8 kN。

实验说明,不压接环箍会严重降低导线的抗拉强度。

②在导线两端线夹均压接了 2 道或 3 道环箍的情况下,线夹从导线铝管出口处断裂(2 – 1#、3 – 1#、4 – 2#、7 – 2#)。

在只压接 1 道环箍或不压环箍的情况下,导线从钢锚出口处断裂(1 – 2#、5 – 1#、6 – 1#)。

说明此工艺会改变导线的受力状况,钢锚出口处的钢芯为受力最大部位。

③从 6 – 1#线夹的情况可知,在导线一端压接 1 道环箍,另外一端压接 2 道环箍的情况下,导线从只压接 1 道环箍的线夹处断裂,说明线夹在压接 2 道环箍时的抗拉强度要大于只压接 1 道环箍时的抗拉强度。

上述各实验的过程及结果如图 6 – 46 ~ 6 – 60 所示。

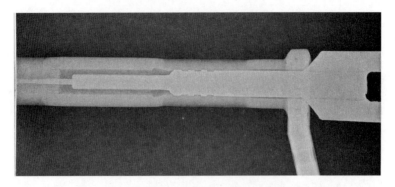

图 6 – 46　2 – 1#线夹的 X 射线透视检测影像(压接 3 道环箍)

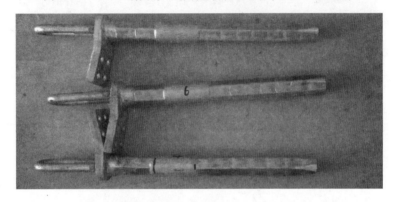

图 6 – 47　按 3 道环箍均压接的工艺压接后,线夹均断在铝管出口处

图 6 – 48　按压接 3 道环箍的工艺压接后,线夹均断在铝管出口内

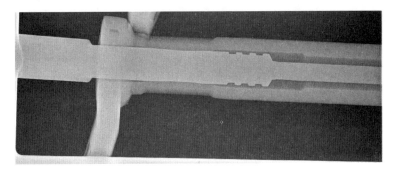

图 6 –49　5 –1#线夹,3 道环箍均不压接

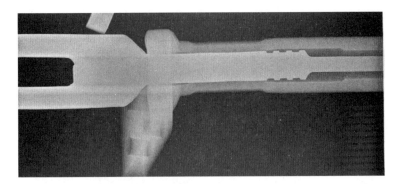

图 6 –50　5 –2#线夹,3 道环箍均不压接

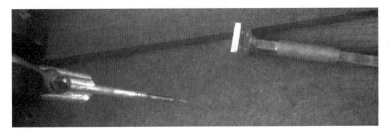

图 6 –51　5 –1#线夹,74.2 kN 时钢锚被拉断

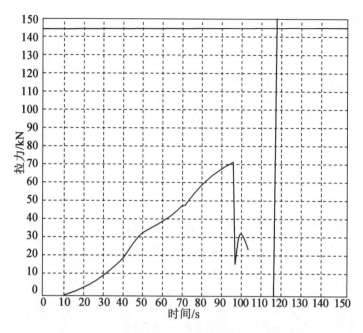

图 6 – 52　5 – 1#线夹,拉力曲线

图 6 – 53　6 – 1#线夹,压接 1 道环箍

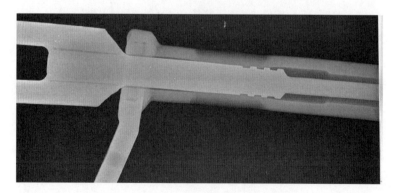

图 6 – 54　6 – 2#线夹,压接 2 道环箍

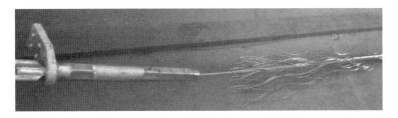

图 6 – 55　6 – 1#线夹,143.2 kN 时被拉断

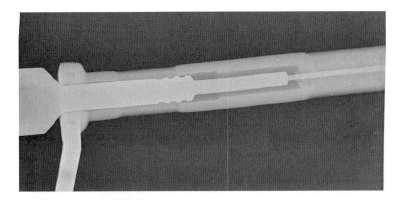

图 6 – 56　7 – 1#线夹,压接 2 道环箍

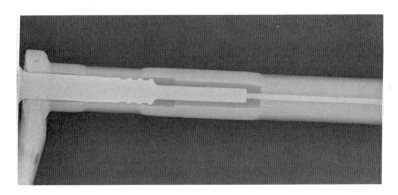

图 6 – 57　7 – 2#线夹,压接 2 道环箍,144.9 kN 时被拉断

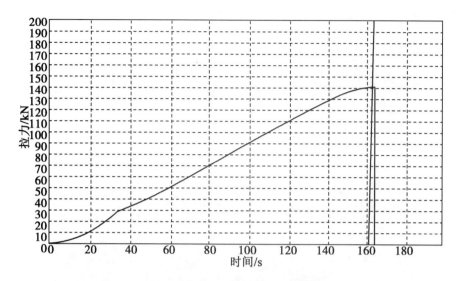

图 6 – 58　7 – 2#线夹，拉力曲线

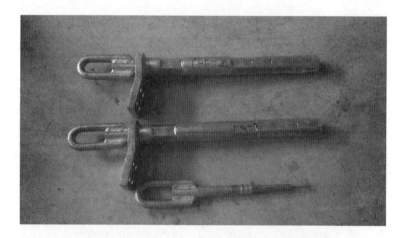

图 6 – 59　5 – 2#、6 – 1#、7 – 2#3 个线夹拉断后

图 6 – 60　6 – 1#线夹断口

（6）单线拉力实验。

对钢芯及铝股进行单线拉力实验，从来样导线上抽取铝股，每层抽取 3 根，对全部 7 根钢芯进行拉断力测试，同时对单线外径进行检测，检测结果见表 6 − 16。

实验根据 GB/T 1179—2008《圆线同心绞架空导线》、JB/T 8134 − 1997《架空绞线用铝 − 镁 − 硅系合金圆线》、GB/T 3428—2002《架空绞线用镀锌钢线》的规定进行。

表 6 − 16　单线拉力实验结果及外径检测结果

导线型式	层数	单线编号	直径/mm	抗拉强度/MPa
铝股	外层	1	3.19	301
		2	3.20	305
		3	3.22	302
	中层	1	3.20	302
		2	3.23	304
		3	3.20	301
	内层	1	3.22	300
		2	3.21	304
		3	3.22	305
钢芯	—	1	2.15	1 524
		2	2.13	1 564
		3	2.10	1 622
		4	2.14	1 573
		5	2.13	1 541
		6	2.10	1 614
		7	2.11	1 605

①铝股。按 JB/T 8134—1997《架空绞线用铝 − 镁 − 硅系合金圆线》：标称直径 $d \leqslant$ 3.00 mm 的铝单线直径，公差为 ±0.03 mm。

JLHA1/GIA—365/25 铝单线设计直径为 3.22 mm，允许的单线直径为 3.19 ~ 3.25 mm，实测单线直径均符合检测工艺要求。

铝股的抗拉强度应不小于 325 MPa，绞合后允许有 5% 的强度损失，即抗拉强度应不小于 309 MPa，所检铝股抗拉强度为 301 ~ 305 MPa，平均值为 303 MPa，略低于检测工艺要求。

因铝股为从绞合以后的导线上取样，铝股较弯曲，与矫直后的铝股相比其强度有一定降低，考虑此因素后，其强度应基本符合检测工艺要求。

②钢芯。按 GB/T 3428—2002《架空绞线用镀锌钢线》：标称直径为 1.24 ~ 2.25 mm 的钢芯直径，公差为 ±0.03 mm。

　　JLHA1/GIA—365/25 导线钢芯设计直径为 2.25 mm,允许的单线直径为 2.22 ~ 2.28 mm,实测单线直径为 2.10 ~ 2.215 mm,平均直径为 2.12 mm,低于检测工艺要求。

　　按 GB/T 3428—2002《架空绞线用镀锌钢线》:钢芯的抗拉强度应不小于 1 340 MPa,绞合后允许有 5% 的强度损失,即抗拉强度应不小于 1 273 MPa,所检钢芯抗拉强度平均值为 1 578 MPa,超过检测工艺要求约 24%。

　　因此,虽然钢芯的直径比检测工艺设计细了 5.7%,但单根强度比检测工艺高 24%,所以整体抗拉强度仍然高于检测工艺要求。

　　铝股共 45 根,钢芯 7 根,按实验结果,不考虑绞合后整根导线与单股合计之间的差异,只做铝股和钢芯之间抗拉力的粗略对比,则铝股的抗拉力为 $45 \times 3.14 \times 1.605 \times 1.605 \times 303 = 110$ kN,钢芯的抗拉力为 $7 \times 3.14 \times 1.06 \times 1.06 \times 1 578 = 39$ kN。

　　二者合计约 150 kN,与检测工艺中规定的额定拉断力 148.56 kN 较接近。

　　钢芯化学成分分析,从来样导线上取 3 根钢芯进行化学成分分析,结果见表 6 - 17。

　　对比 GB/T 699—1999《优质碳素结构钢》,断股导线钢芯材质相当于 55#钢,且 S、P 含量均较低,已达到该检测工艺中规定的特级优质钢检测工艺(表 6 - 18),钢芯化学成分未见异常。

表 6 - 17　钢芯化学成分　　　　　　　　　　　　　　%

测点	成分				
	C	Si	Mn	P	S
1	0.59	0.21	0.53	0.023	0.017
2	0.59	0.20	0.58	0.018	0.020
3	0.59	0.21	0.54	0.015	0.014

表 6 - 18　钢材化学成分允许偏差　　　　　　　　　　%

组别	P	S
	不大于	
优质钢	0.035	0.035
高级优质钢	0.030	0.030
特级优质钢	0.025	0.020

　　铝股化学成分分析:对 1#导线,采用尼通 XL3T 型手持式直读光谱仪对铝股进行化学成分分析,随机测量三点,主要成分为硅铝合金,材质未见异常,结果见表 6 - 19。

表 6 – 19 铝股化学成分 %

测点	成分		
	Al	Si	Fe
1	98.04	1.59	0.28
2	98.12	1.48	0.21
3	98.66	1.04	0.28

线夹铝管化学成分分析:采用尼通 XL3T 型手持式直读光谱仪对线夹铝管进行化学成分分析,结果见表 6 – 20。

表 6 – 20 线夹铝管化学成分 %

线夹编号	成分			
	Al	Si	Fe	Zn
1 – 1#	98.64	1.18	0.11	0.005
1 – 2#	98.26	1.34	0.13	0.006
2 – 2#	97.83	1.20	0.77	0.008
3 – 1#	97.33	1.57	0.15	0.009
4 – 2#	96.65	2.31	0.32	0.016
5 – 1#	97.25	1.11	0.68	0.007
6 – 1#	97.95	1.73	0.27	0.004
7 – 2#	98.01	1.02	0.11	0.006

分析结果表明,断裂线夹铝管的化学成分与另外 7 个线夹的化学成分无明显差异。

线夹铝管宏观检查:因 1 – 1#线夹的原始握力已无法再现,通过测量线夹铝管外径和壁厚间接判断线夹铝管压接前握力。

分别测量线夹铝管出口处的内径(图 6 – 61)、未压部分的内径、线夹铝管外径和线夹铝管壁厚,测量的线夹铝管共 3 个,分别为 1 – 1#、1 – 2#及 1 个新线夹,直径测量值为垂直两个方向分别测量的平均值,测量结果见表 6 – 21。

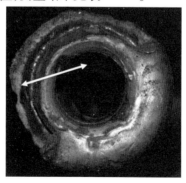

图 6 – 61 1 – 1#线夹铝管

表 6－21　线夹铝管尺寸　　　　　　　　　　　mm

编号	项目			
	出口处内径	未压处内径	未压处外径	壁厚
1－1#	31.38	30.57	52.57	10.42
1－2#	31.45	30.45	52.54	10.47
新线夹	31.32	31.14	52.22	10.58

由测量结果可以看出,线夹铝管内、外壁直径和壁厚均无明显差异。

将上述 3 个线夹铝管纵向剖开,检查内部加工质量,分别如图 6－62 ~ 6－64 所示。

检查表明,3 个线夹铝管内部均用车床或镗床进行了扩孔,表面加工质量无明显差别。

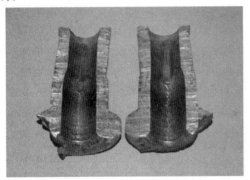

图 6－62　1－1#线夹铝管

图 6－63　1－2#线夹铝管

图 6－64　新线夹铝管

6.5.3　综合分析和结论

导线的断口部位未见机械损伤,导线呈拉断特征。

1－1#铝管和 1－2#铝管分别有 1 模和 7 模对边距超过检测工艺要求,1－1#钢锚有 2

模超过检测工艺要求。

钢芯和铝股的化学成分、抗拉强度均未见异常。

对包括 1 - 1#在内的 8 个线夹铝管进行化学成分分析,成分无明显差异。

测量 1 - 1#铝管、1 - 3#铝管和一个新铝管的内、外直径和壁厚,均无明显差异。

1 - 1#线夹铝管和 1 - 2#线夹铝管压接部位基本一致,由 1 - 2#线夹铝管的 X 射线照片可以看到,1 - 2#线夹铝管仅压接了靠出口侧的一环。

将 1 - 1#线夹的钢锚与铝管比较后可以看出,线夹同样也仅压接了 1 道环箍。

按线夹的设计,线夹通过将铝管和环箍压接为一个整体后,导线的全部拉力由钢锚的环箍承担,此时线夹入口处为导线应力最大点,钢芯和铝股均受力。从 2#、3#、4#三根导线实验结果可以看出,在 3 道环箍均被压接的情况下,导线都是从线夹入口铝管端头处断裂。

在只压接 1 道环箍(1 - 1#、1 - 2#、6 - 1#)时,导线从钢锚出口处断裂,说明断裂前钢锚出口处应力最大。

在只压接 1 道环箍的情况下钢芯的断裂过程为:在受拉应力时,钢锚上的拉力通过环箍传到铝管上,随着拉力逐渐增大,钢锚环箍上嵌入的铝发生变形,钢锚和铝管之间发生滑动,轻微的滑动就使应力全部转移到钢芯上,此时钢锚出口处的钢芯受力最大,从而导致钢芯被拉断。

如果钢锚和线夹之间在压接时存在间隙,则很可能在初始受拉时应力就完全转移到钢锚出口处,使钢芯更容易被拉断。

在压接 3 道环箍的情况下,钢锚与铝管之间接触更为致密,相对而言更不容易发生滑动,在受拉时,导线的应力最大点就始终位于线夹入口处。因此,压接三道比只压接一道相对而言要更可靠。

本次导线的断线,是由于受较大的拉应力时,钢锚上的应力直接传导到了钢锚出口处,导致钢芯受力过大而断裂。而 1 - 1#线夹尺寸、化学成分与其他线夹相比无明显不同,因此综合推断,导致钢芯直接受力的原因应是线夹铝管与钢锚之间的配合不够紧密(环箍压接部位与铝管之间纵向间隙、铝管内径偏大导致的摩擦力不足等),但因为钢锚已经被拉出,已不可能 100% 还原出断线前钢锚与铝管的压接状态,所以这个间隙只是建立在实验和分析的基础上的一个合理推断。

通过实验和分析可以看出,在 3 道环箍均压接的情况下,可充分发挥铝股分担应力的作用,进而可明显提高线夹的可靠性,因此为了保障导线安全,建议在可能的情况下,对只压缩了 1 道环箍的线夹进行补压。

导线压接质量直接影响导线的整体寿命,通过介绍导线压接设备及实际压接工况,提出了使用压接中注意的问题,从源头上控制导线质量具有重要意义。人工模拟导线的缺陷更清楚地了解了几种常见缺陷的类型。通过改变耐张线夹钢芯压接尺寸和铝模压接尺寸,研究其与导线整体承压力之间的关系,得到压接过程中的各变量的最小尺寸对电缆接头的可视化监测在实际应用中具有重要意义,很值得推广。对金具常见的制造缺陷、装配缺陷进行检测,建立检测工艺的缺陷检测数据库,对金具的缺陷检查起到重要作用。

第7章 架空导线的 X 射线 高空检测装置研究

目前对 10 kV 柱上开关、电缆中间接头的运行维护工作只能通过超声波检测装置进行局部放电检测,对柱上开关、电缆中间接头内部机械性损伤未形成局部放电的情况缺乏检测方法,无法检测其内部机械性损伤问题,因此运维工作处于盲区。针对上述问题,按照柱上开关、电缆中间接头尺寸大小,适当选用发射器功率,打造适用于检测柱上开关、电缆中间接头的 X 射线带电无损检测装置,为柱上开关、电缆中间接头内部机械性损伤检测提供有力的技术手段。

开展导线、金具的 X 射线高空检测,需要解决以下几个问题:(1)系统的电源解决方案;(2)系统远程控制;(3)成像板的自动对准;(4)预防导线摇动导致图像出现的飘影;(5)现场检测时的防护系统。

针对上述几个问题,本项目分别设计研究了 X 射线数字成像检测设备电源装置、X 射线机远程操作控制装置、X 射线数字探测器自动定位装置、高空线缆在线无损检测支架稳定装置及现场防护装置。

7.1 X 射线高空检测实验

为了验证 X 射线高空检测的可行性和有效性,首先进行了绝缘子和压接导线的高空检测实验。

7.1.1 高空绝缘子检测

绝缘子是安装在不同电位导体间或导体与地电位构件间的器件,它可以抵抗电压和机械应力的干扰。绝缘子是一种特殊的绝缘控件,在输电线路中具有至关重要的地位。

(1)绝缘子检测参数表见表 7-1。

表 7-1 绝缘子检测参数表

焦距/mm	管电压/kV	管电流/mA	脉冲数
700	270	0.25	30

（2）绝缘子高空检测现场图如图 7 - 1 所示。

图 7 - 1　绝缘子高空检测现场图

（3）绝缘子检测成像图如图 7 - 2 所示。

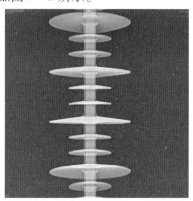

图 7 - 2　绝缘子检测成像图

7.1.2　压接导线高空检测

（1）压接导线高空检测参数表见表 7 - 2。

表 7 - 2　压接导线高空检测参数表

焦距/mm	管电压/kV	管电流/mA	脉冲数
1 500	270	0.25	99

（2）压接导线高空检测现场图及检测成像图分别如图 7 - 3 与图 7 - 4 所示。

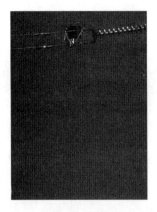 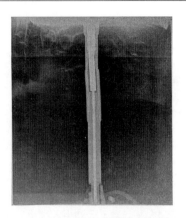

图 7-3　压接导线高空检测现场图　　　　　图 7-4　压接导线高空检测成像图

本次高空实验检测结果证明了 X 射线高空检测的可行性和有效性,为后续 X 射线高空检测装置的研发提供了参考依据。

7.2　X 射线数字成像检测设备电源装置

高空检测用 X 射线数字成像检测设备电源装置,包括架空线路挂架,安装在架空线路挂架上的相互之间通过线缆连接的太阳能电池组件,太阳能充电控制器,大容量锂电池组,逆变器及锂电池充电器。

架空线路挂架包括底板和两块侧板,在侧板上端分别设有上下两只滚轮用于卡住并悬挂于导线上,在两块侧板之间连接有一向上凸的弧形支架,并且在其中一块侧板上设有牵引连杆。太阳能电池组件分布并固定于弧形支架上,其内部采用单晶硅薄膜太阳能电池,组件之间通过导线连接,根据连接方式的不同可以输出不同电压,可以通过控制连接方式,使太阳能电池组件的输出电压控制在 12 V DC 或 24 V DC。太阳能电池组件的输出线缆接在太阳能电池控制器的输入端接线柱上,控制器输出端与锂电池输入端连接,向锂电池充电,此外,锂电池还可借助专用充电器,通过 220 V 交流电向锂电池充电,与此同时锂电池的输出端与逆变器连接,逆变器可以将锂电池的 12 V 或 24 V 直流电转换为 220 V 交流电,用于向 X 射线数字成像检测设备供电。太阳能充电控制器的输出端及锂电池的充电接口采用插拔式接头,用于实现太阳能电池充电及 220 V 交流电源充电时的方便插拔。大容量锂电池组采用两种方式供电,由太阳能电池通过太阳能充电控制器充电,或由 220 V 交流电源通过锂电池充电器充电。

X 射线数字成像检测设备电源装置侧视图如图 7-5 所示,太阳能电池组件、太阳能充电控制器、大容量锂电池组及逆变器均安装于专用挂架上,挂架再通过滚轮悬挂于导线上,滚轮有两组,每组有上下两只卡在导线上,用于防止滚轮脱落。挂架前端有一根牵引连杆,用于与安装于同一导线上的 X 射线数字成像检测设备支架连接,并跟随 X 射线数字成像检测设备支架同步移动。

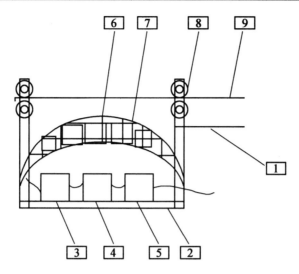

图 7 - 5　X 射线数字成像控制设备电源装置侧视图

1—牵引连杆;2—架空线路挂架;3—太阳能电池控制器;4—大容量锂电池组;5—逆变器及锂电池充电器;
6—弧形支架;7—太阳能电池组件;8—滚轮;9—导线

　　X 射线数字成像检测设备电源装置正视图如图 7 - 6 所示,图中滚轮上下卡于导线上,滚轮两侧装有侧板用于固定滚轮,同时弧形支架安装于侧板上,侧板与挂架底板连接,底板用于安装太阳能电池控制器、大容量锂电池组及逆变器。

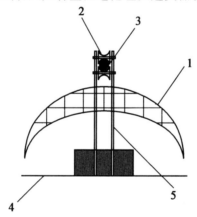

图 7 - 6　X 射线数字成像检测设备电源装置正视图

1—弧形支架;2—滚轮;3—导线;4—底板;5—侧板

7.3　X 射线源远程操作控制装置

　　X 射线源远程操作控制装置,包括一台显示器,一台摄像机,一套图像无线传输装置,一个无线遥控手柄,一个信号接收机,两台舵机,两个触指及三组电池。

　　显示器采用液晶显示器,与图像接收机连接并显示图像;摄像机放置于 X 射线控制箱前,监视舵机、触指的运动情况及控制箱面板的显示信息;图像无线传输装置用于采集摄像机的图像信号,并将信号通过无线传输至显示器,图像无线传输装置包含图像发射机与图像接收机,图像发射机与摄像机通过信号线缆连接,采集图像信号后无线发射,传输给图像接收机;无线遥控手柄向信号接收机传输指令信号,使信号接收机控制舵机动作,无线遥控手柄至少具备两个独立通信通道,分别控制两台舵机单独动作;信号接收机由无线遥控手柄控制,接收无线遥控手柄的信号,并控制舵机转动;两台舵机固定于控制箱面板上;触指安装于舵机的转动臂上,指尖分别与 X 射线机控制箱上的"开始""关闭"按钮接触,舵机转动时,带动触指移动,使"开始"及"关闭"按钮按下;电池分别向信号接收机、图像发射机、图像接收机及显示器供电。X 射线源远程操作控制装置示意图如图 7 – 7 所示。

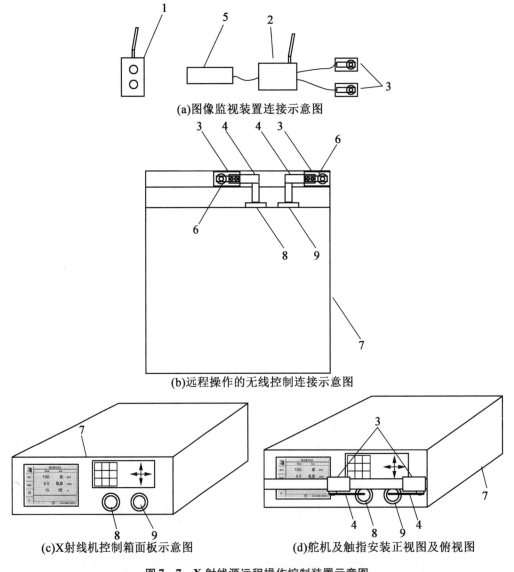

(a)图像监视装置连接示意图

(b)远程操作的无线控制连接示意图

(c)X射线机控制箱面板示意图　　　　(d)舵机及触指安装正视图及俯视图

图 7 – 7　X 射线源远程操作控制装置示意图

1—无线遥控手柄;2—信号接收机;3—舵机;4—触指;5—电池;6—转动臂;

7—X 射线机控制箱;8—"开始"按钮;9—"关闭"按钮

在上述装置中:

无线遥控手柄的工作频率为 2.4 GHz;信号接收机与无线遥控手柄相配套,接收无线遥控手柄的控制信号,信号接收机接收信号频率为 2.4 GHz,至少具备 2 组控制插口及 1 组电源插口,控制插口通过控制线分别与两台舵机连接,实现对舵机的控制,电源插口与电池连接;舵机采用金属齿轮舵机,扭力力矩不小于 20 N·cm;显示器屏幕尺寸不小于 7 in(1 in=2.54 cm),分辨率不小于 640 像素×480 像素,具备复合视频接口;摄像机采用微型摄像机,利用电池供电,具备复合视频接口,视频清晰度不低于 30 万像素;图像无线传输装置由图像发射机、图像接收机组成;发射机通过复合视频接口与摄像机复合视频接口连接,将摄像机的视频信号通过天线发射,接收机接收到视频信号后通过复合视频接口传输到显示器上显示;图像无线传输装置传输距离在无障碍物的条件下不小于 300 m;电池采用 3 组锂离子电池,1 组电池给信号接收机供电、1 组电池给摄像机及图像发射机供电,1 组电池给图像接收机及显示器供电,连续供电能力不低于 2 h。

7.4 X 射线数字探测器自动定位装置

由于架空输电线路不同,因此线路耐张线夹与导线所处自然环境、地理位置、海拔高度、受覆冰扰动等情况也不同。由于耐张线夹的型号、功能条件不同,而不同型号耐张线夹的铝管壁厚不同、透照检测厚度也不同,因此为满足高空检测时安装操作简单、可靠的要求,还需提供一种能实现 X 射线机与数字探测器自动定位的装置,该装置可实现以 X 射线辐射场最大辐射强度位置为中心的数字探测器自动定位。该自动定位装置应具有以下结构特点。

(1)具备数字探测器的固定装置,使数字探测器与二维平移台牢固固定。

(2)具备二维平移台,具备在两个相互垂直的方向独立移动。

(3)具备运动控制器,可与二维平移台及计算机通信,控制二维平移台的移动量。

(4)具备图像灰度值测量软件,可读取计算机中的 X 射线数字图像,测量图像中各点的灰度值,并定位最大灰度点位置,计算出与图像中心点的二维距离,并将移动量指令发送到运动控制器,控制二维平移台方向。

基于此,选择了一种 X 射线数字探测器自动定位装置。它主要包括:固定在数字探测器支架上的数字探测器、通过螺栓连接的探测器支架基座、二维平移台、运动控制器。二维平移台及计算机通过控制及信号线缆与数字探测器连接。

数字探测器支架设有呈 90°的 4 个支臂,支臂交叉部位为与二维平移台连接的支架基座,在基座上开有 4 个螺栓孔,螺栓孔相对位置、间距及孔径与二维平移台基座的螺栓孔相同,在数字探测器支架的 4 个支臂端头分别设有带矩形弯钩的数字探测器夹头,使用支架固定数字探测器,支架可水平或竖直安装于二维平移台上;二维平移台由相互垂直的两组滑轨组成,一组滑轨安装在另一组滑轨上,数字探测器连接基座固定于一组滑轨上,设有步进电机与螺纹导杆连接,通过步进电机带动螺纹导杆的转动,进而带动滑轨以及数字探测器基座移动,从而使数字探测器移动,它可实现沿两个相互垂直方向的独立移动,同时二维平移台具有通用通信接口,可连接运动控制器,再由运动控制器对二维平移台的移动行程进行控制;运动控制器具备连接计算机的通信接口,可实现由计算机对运动控制器的控制;图像灰度测量软件可读取图像采集软件中的 X 射线数字图像,并能测量灰度值最大点与图像中心点的二维距离,并转换成数字探测器的位移距离,再将位移距离信号传送到运动控制器,进而控制二维平移台移动,最终使数字探测器成像区域中心位置位于 X 射线机窗口中射线辐射强度最大处。

具体实现原理为:当 X 射线机发出 X 射线后,其照射范围内不同位置的 X 射线辐射强度不同,对应在无被检工件的数字探测器上时形成的空白图像的灰度值不同,而数字探测器成像区域中心位置对应为 X 射线机发射的 X 射线辐射强度最大的位置。计算机通过信号线缆获得在无被检工件条件下 X 射线机拍摄的空白数字图像后,利用灰度值测量软件读取测量图像各点的灰度值,计算出最大灰度点的位置坐标,然后将坐标数据与图像中心点坐标对比,计算出数字探测器需移动的实际移动量,再将移动量命令传给运动控制器,再由运动控制器控制二维平移台将数字探测器成像区域中心移动至灰度值最大点对应的位置。X 射线数字探测器自动定位装置示意图如图 7-8 所示。

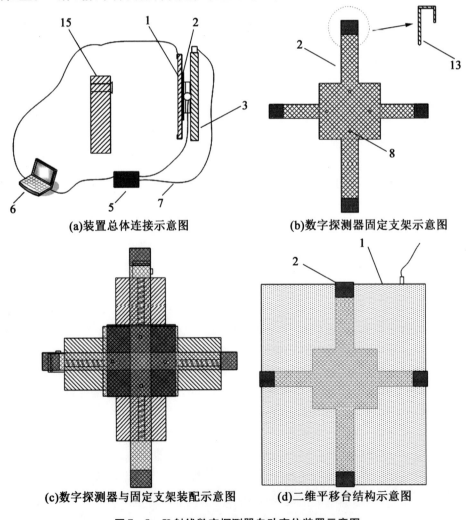

(a)装置总体连接示意图　　　　　　　　　(b)数字探测器固定支架示意图

(c)数字探测器与固定支架装配示意图　　　　(d)二维平移台结构示意图

图 7-8　X 射线数字探测器自动定位装置示意图

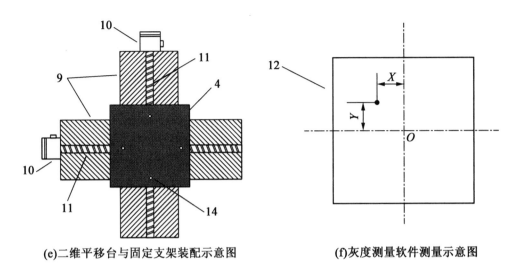

(e)二维平移台与固定支架装配示意图　　　　(f)灰度测量软件测量示意图

续图 7 - 8

1—数字探测器;2—数字探测器支架;3—二维平移台;4—基座;5—运动控制器;6—计算机;7—控制及信号线缆;
8—螺栓孔;9—滑轨;10—步进电机;11—螺纹导杆;13—数字探测器夹头;14—螺栓孔;15—X 射线机

7.5　高空线缆在线无损检测支架稳定装置

高空线缆在线无损检测支架稳定装置,主要由支架平台稳定装置和线缆端稳定装置组成,主要部件为形状记忆合金自复位耗能阻尼器、连接器、固定槽、抱紧轴承和锁止器。其特征为:支架平台稳定装置是在矩形 X 射线支架平台下端,沿矩形平台四边设置固定槽与形状记忆合金自复位耗能阻尼器筒形外壳连接固定,采用连接器将阻尼器两端推拉杆与平台四端点承载拉索固定端连接;线缆端稳定装置是在矩形平板载体上沿对角线方向加装耗能阻尼器,通过定位锁止器固定平板左右部分并采用抱紧轴承将线缆端稳定装置垂直固定在线缆上,以牵引端与支架牵引爬行装置连接。

当支架平台受到风力作用产生摆振时,平台通过支架平台稳定装置的连接器带动相应方向的阻尼器推拉杆,推拉杆的往复运动带动阻尼器内部形状记忆合金板形变耗能和形状记忆合金绞线交替伸缩变化,为支架平台提供稳定的水平方向阻尼,同时线缆端稳定装置上的耗能阻尼器则提供垂直及水平方向阻尼,共同作用保证检测支架整体的稳定性。高空线缆在线无损检测支架稳定装置如图 7 - 9 所示。

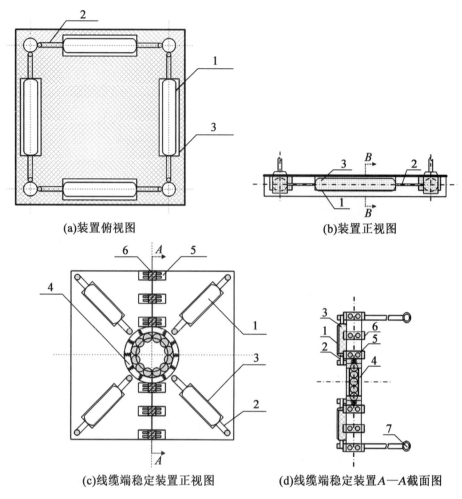

(a)装置俯视图　　　　　　　　　　　(b)装置正视图

(c)线缆端稳定装置正视图　　　　(d)线缆端稳定装置A—A截面图

图 7-9　高空线缆在线无损检测支架稳定装置

7.6　防护装置

　　随着科技日新月异的发展,数字 X 射线检测和成像技术在工业、医疗、化工、电力等领域的应用取得了较好的成果,其中数字 X 射线成像系统在电力设备检测中的应用已得到了广泛关注。在检测电力设备内部缺陷方面,X 射线成像系统有着快速、直观、准确的优点,然而 X 射线的高能量穿击空气时,电离辐射照射物体,部分或者全部的电离辐射会被受照物体吸收,对于人而言,接受过多的照射会引起机体细胞功能下降,从而诱发病症危害人体健康,甚至产生病变导致死亡。因此,针对这种情况,发明一种有效的 X 射线防护方法以保护操作人员的健康,而且对 X 射线技术的推广和应用起到积极的促进作用。

　　影响 X 射线电离辐射的安全因素主要有 3 个:时间、距离、屏蔽层。在 X 射线检测操作时,应保证远距离控制、短时间触发产生 X 射线,并为检测人员配备屏蔽保护来最大限度地降低电离辐射造成的安全危害。图 7 – 10 所示为架空电缆 X 射线检测用射线防护装置示意图,它包括铅皮防护壳、固定设备橡胶绑带和连接扣,其中铅皮防护壳为圆柱状,下半圈部分及两端头为全封闭铅皮,上半圈两端头部分为铅皮封闭。两端头由有一定宽度的铅皮圈包裹,上半圈其余部分为敞开状态。铅皮防护壳距各端头 1/3 处设有固定设备橡胶绑带。有两套(对应两根为一套)防滑性好的固定设备橡胶绑带,铅质材料包裹固定设备橡胶绑带与铅皮防护壳连接处。对应固定设备橡胶绑带之间采用连接扣连接,各部分连接处均用铅皮加固内外表面。

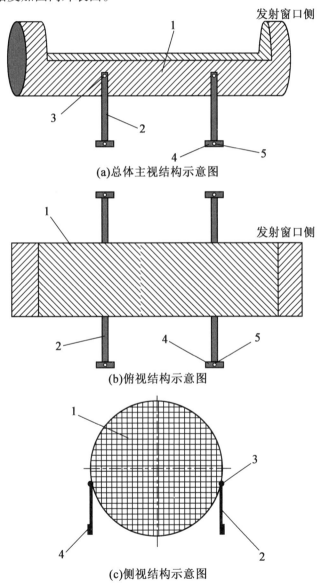

(a)总体主视结构示意图

(b)俯视结构示意图

(c)侧视结构示意图

图 7 – 10　架空电缆 X 射线检测用射线防护装置示意图

1—铅皮防护壳;2—固定设备橡胶绑带;3—壳体 – 绑带连接处;4—连接扣;5—连接扣钉

第8章 线缆典型缺陷特征图像
自动识别技术研究

8.1 线缆典型数据库

为实现缺陷智能识别,建立线缆、导线典型缺陷数据库如图 8-1、图 8-2 所示。

(1)线缆典型缺陷数据库包括护套损伤、主绝缘损伤、铜芯损伤、铠装层损伤、屏蔽层损伤、中间接头缺陷、接线端损伤、复合绝缘子缺陷、接头异物及正常电缆等 11 类影像。共计 250 余张。

(2)导线典型缺陷数据库包括断股、夹杂物、钢芯损伤、铝股损伤、散股、钢芯传入深度不足、压接损伤、压接毛刺及正常导线等 10 类影像。

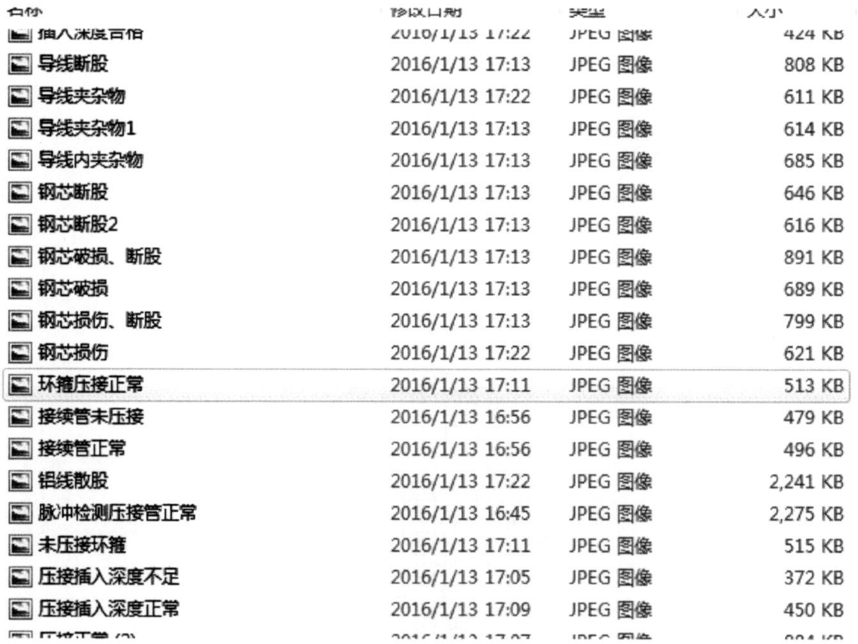

名称	修改日期	类型	大小
插入深度百倍	2016/1/13 17:22	JPEG 图像	424 KB
导线断股	2016/1/13 17:13	JPEG 图像	808 KB
导线夹杂物	2016/1/13 17:22	JPEG 图像	611 KB
导线夹杂物1	2016/1/13 17:13	JPEG 图像	614 KB
导线内夹杂物	2016/1/13 17:13	JPEG 图像	685 KB
钢芯断股	2016/1/13 17:13	JPEG 图像	646 KB
钢芯断股2	2016/1/13 17:13	JPEG 图像	616 KB
钢芯破损、断股	2016/1/13 17:13	JPEG 图像	891 KB
钢芯破损	2016/1/13 17:13	JPEG 图像	689 KB
钢芯损伤、断股	2016/1/13 17:13	JPEG 图像	799 KB
钢芯损伤	2016/1/13 17:22	JPEG 图像	621 KB
环箍压接正常	2016/1/13 17:11	JPEG 图像	513 KB
接续管未压接	2016/1/13 16:56	JPEG 图像	479 KB
接续管正常	2016/1/13 16:56	JPEG 图像	496 KB
铝线散股	2016/1/13 17:22	JPEG 图像	2,241 KB
脉冲检测压接管正常	2016/1/13 16:45	JPEG 图像	2,275 KB
未压接环箍	2016/1/13 17:11	JPEG 图像	515 KB
压接插入深度不足	2016/1/13 17:05	JPEG 图像	372 KB
压接插入深度正常	2016/1/13 17:09	JPEG 图像	450 KB
压接正常(2)	2016/1/13 17:07	JPEG 图像	894 KB

图 8-1 线缆典型缺陷数据库

电缆护套破损1	2016/1/13 16:32	JPEG 图像	2,997 KB
电缆护套破损2	2016/1/13 16:33	JPEG 图像	2,998 KB
电缆接头三相正常	2016/1/13 17:06	JPEG 图像	2,209 KB
电缆绝缘子	2016/1/13 16:43	JPEG 图像	1,309 KB
电缆中间接头正常	2016/1/13 17:00	JPEG 图像	808 KB
电缆重点接头屏蔽层异常	2016/1/13 17:02	JPEG 图像	1,047 KB
电缆主绝缘层破损	2016/1/13 16:39	JPEG 图像	2,618 KB
护套破损	2016/1/13 16:40	JPEG 图像	2,085 KB
正常导线中间接头	2016/1/13 16:51	JPEG 图像	857 KB
正常电缆接线端	2016/1/13 16:47	JPEG 图像	711 KB
正常电缆接线端1	2016/1/13 16:49	JPEG 图像	727 KB
正常电缆中段	2016/1/13 16:47	JPEG 图像	1,095 KB
正常电缆中间接头	2016/1/13 16:49	JPEG 图像	918 KB
正常电缆中间接头1	2016/1/13 16:50	JPEG 图像	1,032 KB
主绝缘层破损	2016/1/13 16:40	JPEG 图像	2,280 KB

图 8 - 2　导线典型缺陷数据库

8.2　线缆典型缺陷图像的识别流程

基于图像处理的线缆缺陷识别方法可以直观地将线缆中的损伤或者缺陷等展现出来,更加方便地进行识别。

本研究设计的检测系统,采用计算机视觉来达到非接触检测的目的,检测中会采用计算机视觉相关理论。本研究利用图像处理的方法对线缆典型缺陷进行识别,首先利用小型化 X 射线成像系统对线缆进行照射以便获取线缆图像,进而对得到的图像进行预处理、特征提取与判别。线缆典型缺陷图像识别流程如图 8 - 3 所示。

由小型化 X 射线成像系统获取线缆图像,通过前端接口对图像进行读取操作,进而采用灰度化。由于原始图像的分辨率低、噪声大,本系统先采用对比度受限的自适应直方图均衡(Contrast Limited Adaptive Histogram Equalization, CLAHE)对原始图像进行预处理以提高其质量。CLAHE 的基本思想是限制局部直方图的高度,以达到限制噪声放大和局部对比度增强的目的。它与其他直方图均衡化算法最大的不同就是添加了一个对比度限定的操作。利用 CLAHE 对获取的原始图像进行预处理,可以有效地提高图像质量,以便后续分析处理。下面将对本研究中应用的数字图像处理技术进行阐述。

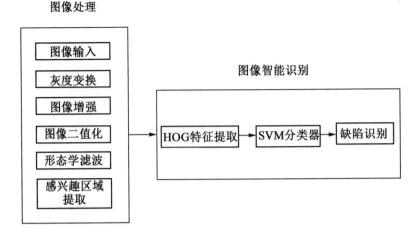

图 8 - 3　线缆典型缺陷图像识别流程

（1）滤波。

实际采集的图像中常包含有各种不希望有的噪声，为更好地进行图像分析及下一步处理，需要先将噪声清除。滤波就是清除这些噪声的过程，一般指滤除一定的频率分量，不同的噪声也需要有针对性地采用不同的滤波方法消除，用滤波的概念来解释，可将滤波器分为线性滤波、非线性滤波及混合滤波等。

滤波常用的方法可利用模板进行卷积来实现。模板是一个小图像，一般为 $n \times n$（n 一般为奇数），最常用的尺寸为 3×3，有时也可以更大，如 5×5、7×7 的模板。滤波的基本步骤如下。

①将模板在图中漫游计算，同时将模板的中心点与图像中某个像素位置进行重合。

②将模板上的系数与模板覆盖下图像中对应的灰度值相乘。

③将所有的乘积相加，通常为保持灰度值在可允许范围内，需要除以模板的系数个数。

④将运算后的结果赋值给当前图像中对应模板中心位置的像素，成为其新的灰度值。

（2）图像增强。

图像增强是数字图像处理相对简单的一种处理方法，目的是显现那些被模糊了的细节或者简单突出一幅图像中感兴趣的特征，同时削弱不需要的信息，这类处理就是为了某种应用目的而去改善图像质量。图像增强技术包含空间域增强和频率域增强两大类。常用的为空间域增强，这里也只对空间域增强略微讲述，频率域增强则不再赘述。

（3）图像平滑。

图像平滑处理即图像的去噪声处理，主要是为了去除实际成像过程中因成像设备和环境所造成的图像失真，以便提取有用信息。

实际获得的图像在形成、传输、接收和处理过程中，不可避免地存在外部干扰和内部干扰，如光电转换过程中敏感元件灵敏度的不均匀性、数字化过程的量化噪声、传输过程中的误差及人为因素等，均会使图像变质。因此，去噪声恢复原始图像是图像处理中的一个重要内容。

（4）图像边缘锐化。

图像边缘锐化处理主要是加强图像中的轮廓边缘和细节，形成完整的物体边界，达到将物体从图像中分离出来或将表示同一物体表面的区域检测出来的目的。锐化的作用是要使灰度反差增强，因为边缘和轮廓都位于灰度突变的地方，所以锐化算法的实现是基于微分作用的，它是早期视觉理论和算法中的基本问题。

（5）图像分割。

图像分割是将图像分成若干部分，每一部分对应某一物体表面，在进行分割时，每一部分的灰度或纹理符合某一种均匀测度度量，其本质是将像素进行分类。分类依据是像素的灰度值、颜色、频谱特性、空间特性或纹理特性等。

图像分割是图像处理技术的基本方法之一，应用于诸如染色体分类、景物理解系统、机器视觉等方面。

（6）特征提取。

一幅图像往往包含有大量信息，然而通常只对某个区域或特征感兴趣，确定这一特征的过程称为特征提取。特征提取一般有 3 种，区域特征、灰度特征和轮廓特征。

区域特征中简单的就是区域的面积，也是经常用到的特征，面积的计算方法主要有两种，一种是基于矩，另一种是基于外接几何基元。面积被称为矩的广义特征。区域中的最大灰度值、最小灰度值、平均灰度值等信息称为灰度值特征，可以将区域的矩用于灰度值特征中。因此基于矩的灰度值特征和基于矩的区域特征是相类似的。

（7）数学形态学。

数学形态学是一门新兴的图像处理与分析学科，其基本理论和方法在视觉检测、生物医学图像分析、机器人视觉、图像压缩编码、纹理分析等诸多领域，都得到了非常广泛的应用。数学形态学是分析几何形状和结构的数学方法，是建立在几何代数基础上的，用集合论方法定量描述几何结构的科学。1985 年后，数学形态学逐渐成为分析图像几何特征的工具。形态学的基本思想是使用具有一定形态的结构元素来度量和提取图像中的对应形状，从而达到对图像进行分析和识别的目的，数学形态学可以用来简化图像数据，保持图像的基本形状特性，同时去掉图像中与研究目的无关的部分。

数学形态学在集合论的基础上定义 4 种基本运算：腐蚀（erosion）、膨胀（dilation）、开启（open）、闭合（close），基于这些基本运算还可以推导和组合成各种数学形态学运算方法。二值形态学中的运算对象是集合，通常给出一个图像集合和一个结构元素集合，利用结构元素对图像进行操作。结构元素是一个用来定义形态操作中所用到的领域的形状和大小的矩阵，该矩阵仅由 0 和 1 组成。

当有噪声的图像用阈值二值化时，所得到的边界往往是不平滑的，背景区域上则散布着一些小的噪声。使用形态学上连续的开闭运算可以显著地改善这种情况。开闭运算后的图像可以去除图像上的一些细小的毛刺，达到去噪的目的。

腐蚀是一种消除边界点，使边界向内部收缩的过程。可以用来消除小且无意义的目标物。如果两目标物间有细小的连通，则可以选取足够大的结构元素，将细小的连通腐蚀掉。

设二值图像为 F，其连通域设为 X，结构元素为 B，当结构元素 B 的原点移到点 (x,y) 处时，记作 B_{xy}。此时图像 F 被结构元素 B 腐蚀的运算可表示为

$$E = F \Theta B = \{x, y | B_{xy} \in X\} \qquad (8-1)$$

式中，Θ 为腐蚀运算专用符号。

膨胀是将与目标区域接触的背景点合并到该目标物中，使目标边界向外部扩张的处理。膨胀可以用来填补目标区域中存在的某些空洞，以及消除包含在目标区域中的小颗粒噪声。膨胀处理是腐蚀处理的对偶，定义如下。

设二值图像为 F，其连通域设为 X，结构元素为 B，当结构元素 B 的原点移到图像的点 (x, y) 处时，记作 S_{xy}。此时，图像 X 被结构元素膨胀的运算可表示为

$$S = F \oplus B = \{x, y | B_{xy} \cap X \notin \varphi\} \qquad (8-2)$$

8.3　线缆典型缺陷图像的预处理研究

随着现代半导体技术的不断发展，计算机图像处理也得到了快速的应用，结合缺陷图像的分析，能够对缺陷特征进行定量计算，弥补传统检测方法的不足，促进线缆缺陷分析技术的智能化和自动化。

在弱光条件下，由于光照明暗程度、设备性能优劣等因素的存在，图像中往往存在各种各样的噪点和畸变，因此会对缺陷识别的准确性产生干扰。同时缺陷的特征参数计算涉及大量的像素值计算，图像质量对特征值结果有直接的影响。图像预处理包括图像灰度化、图像平滑、图像锐化、直方图均衡化等功能。

图像预处理流程如图 8-4 所示，通过图像平滑（低通滤波）的方法可以去掉图像中的一些干扰点，但是平滑在去掉图像干扰的过程中也降低了目标与背景的对比度，模糊了缺陷的轮廓，因此需要锐化增强缺陷轮廓。CLAHE 能够进一步加强局部图像对比度，突出目标。

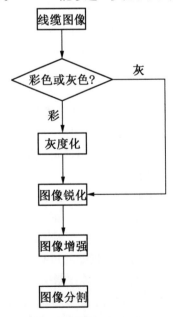

图 8-4　图像预处理流程

8.3.1　图像灰度化处理

彩色图像处理时,是对三个颜色通道同时进行处理,为了减少计算机的计算复杂性,提高运算速度,需要将彩色图像转换为灰度图像。灰度数字图像是指图像中的每个像素只包含一个颜色通道,即只包含亮度信息而没有色彩信息。在 RGB 模型中,若 $R = G = B$,那么该颜色代表了一种灰度颜色,且 $R = G = B$ 的值就是灰度值,因此灰度图中的每个像素只需要 1 bit 来存储灰度值(又称强度值、亮度值),灰度范围为 0 ~ 255。常用的图像灰度化方法为

$$r = g = b = \frac{R + G + B}{3} \tag{8-3}$$

式中,R、G、B 为原始图像像素点的三原色值;r、g、b 为灰度化之后的灰度图像的像素值。

根据相关文献,彩色图像转换为灰度图像并不是简单的三色值求平均,而是遵循下式的计算原则,实际上是能量的不均等分配:

$$r = g = b = \frac{0.300\,8R + 0.585\,9G + 0.113\,3B}{3} \tag{8-4}$$

8.3.2　图像增强处理

原始图像中往往存在噪声,从而降低图像质量,给缺陷特征的参数提取带来困难,因此需要通过图像增强来去除噪声,降低干扰。本研究主要采用了图像平滑、图像锐化和 CLAHE 的方法。

(1)图像平滑。

平滑处理也称为边界模糊处理,是一种简便且实用的图像处理技术,主要作用是减少图像上的噪点或降低图像失真。常用的图像平滑算法有均值滤波、中值滤波和高斯滤波等。

邻域均值滤波算法是将待处理图像中某个像素的灰度值和它四周相邻像素的灰度值进行相加,而后取平均值作为新的像素灰度值。它使用模板进行计算,通过模板计算完成邻域像素的运算,即图像中某像素点不只和自身像素灰度相关,并且与它邻域范围的像素相关。邻域均值滤波的数学算法如下。

设 $f(i,j)$ 为待处理的图像,通过邻域均值滤波后的图像为 $g(i,j)$,邻域平滑处理数学模型为

$$g(i,j) = \frac{1}{M} \sum_{(m,n)} f(x - m, y - n) \tag{8-5}$$

式中,M 为邻域范围内的像素总数;S 为确定的邻域范围。

系统为图像的平滑处理提供了 3×3、5×5、7×7 的模板,满足不同线缆图像处理的需要。对于不同情况下的图像,应该根据需要选择相应的滤波模板。

(2)图像锐化。

图像平滑处理通常会使图像中目标的轮廓变得不清晰,为了降低这种不利因素,因此需要采用图像锐化算法,从而增强图像的轮廓。图像锐化处理能够突出图像边缘信息、轮

廓形状及图像的目标细节。图像锐化是一种基于补偿轮廓及边缘信息使其突出以达到图像更加清楚的处理算法,目前经常使用的梯度锐化算子有 Roberts 梯度算子、拉普拉斯(Laplace)算子等。

梯度锐化算子的数学模型描述为,像素点 (x,y) 的梯度值为

$$g = f - k\tau \, \nabla^2 f$$

式中,f、g 分别为处理前后的图像函数;$k\tau$ 为扩散效应系数,选取在 $2 \sim 8$ 之间;∇^2 近似采用模板 $H = \{\{1,4,1\},\{4,-20,4\},\{1,4,1\}\}$,$\nabla^2 f$ 代表图像 f 二次微分时的 Laplace 算子。

为了突出目标边缘信息,经常选用改进梯度值算法,将图像中各像素点的梯度值和一个阈值进行比较,若超过阈值,就用梯度值替换该像素灰度,不然就用固定灰度值。在对图像锐化处理过程中,选用了一种简便的高频滤波增强方法:

$$G(x,y) = \left[\left(\frac{\partial f}{\partial x} \right)^2 + \left(\frac{\partial f}{\partial y} \right)^2 \right]^{\frac{1}{2}} \approx |f(x,y) - f(x+1,y)| + |f(x,y) - f(x,y+1)|$$

$$(8-6)$$

这表示模糊图像的锐化过程是原始图像减去乘系数的拉普拉斯算子来实现的。

图像锐化能够去掉图像中的噪声干扰,并且为后续的阈值分割提供更好的图像基础,使分割后的图像更加清晰。

(3)CLAHE。

灰度直方图是灰度级的表示函数,它代表图像中拥有某一灰度级的像素的数量,是对图像中灰度出现的概率的反映。设 r 为图像的灰度级,可以用概率 $P_r(r_k)$ 来表示原始图像的灰度分布:

$$P_r(r_k) = n_k / N \qquad (8-7)$$

式中,N 为图像中像素个数的总量;n_k 为第 k 级灰度像素;r_k 为第 k 个灰度级,$P_r(r_k)$ 为该灰度级的概率。

大部分情况下灰度值比较集中分布在较窄的区域,导致图像细节不够清楚,轮廓不够突出,采用直方图均衡化的方法可以使图像灰度分布均匀,从而增大反差。

CLAHE 结合了自适应直方图均衡和对比度受限 2 种方法,从整幅图像的视觉效果出发,改善图像的质量,而不是只强调局部和细节质量。这种方法既考虑了窗口内像素直方图又考虑了窗口外的像素,使图像增强效果适应性更好,效果也更突出,其表达式为

$$h_{ij}(r) = \alpha h_{\mathrm{W}}(r) + (1 - \alpha) h_{\mathrm{B}}(r) \qquad (8-8)$$

式中,$h_{\mathrm{W}}(r)$ 为窗口的归一化直方图;$h_{\mathrm{B}}(r)$ 为窗口外的归一化直方图;$0 \leqslant \alpha \leqslant 1$。

设 S_{W} 和 S_{B} 分别代表区域 W 和区域 B 的面积,如果 $\alpha = S_{\mathrm{W}} / (S_{\mathrm{W}} + S_{\mathrm{B}})$,则 $h_{\mathrm{W}}(r) = h(r)$,表示局部直方图与全局直方图相等;如果 $\alpha > S_{\mathrm{W}} / (S_{\mathrm{W}} + S_{\mathrm{B}})$,则局部直方图单独均衡化,从而强调局部信息。因此可以通过改变 α 大小来调节局部直方图,以模拟周围环境对相关区域的影响。

8.3.3　图像分割处理

图像的分割提取主要利用阈值进行二值化分割,阈值过高,图像的有用信息会丢失;

阈值过低;则会保留大量的背景干扰点,不利于后期目标图像的分析和处理,因此找到合适的阈值是图像分割的关键。

本节对于缺陷灰度图像采用了 Otsu 阈值分割法,Otsu 阈值分割法又称最大类间方差法,是由日本学者大津于 1979 年提出的,也称为大津阈值算法。它主要利用图像中目标与背景在灰度上存在的差异,一般来说,图像背景的灰度要比图像中目标的灰度低,因此可以选择一个合适的阈值,经过判别图像中每个像素点的灰度值是否包含在阈值的范围内来确定该像素点应当归属于目标还是应当属于背景分,以此将目标与背景分割开来。

综上所述,阈值的选择对图像的分割效果十分重要,若阈值太高,就会有一部分的缺陷像素点被划分为背景像素,从而使分割出来的缺陷区域比实际区域偏小;反之,若阈值过小,就会有一部分的背景像素点被划分为缺陷像素,使分割出来的缺陷区域比实际区域偏大。阈值算法将图像分为目标和背景两部分,目标和背景之间的类间方差越大,说明这两部分的差别越大,当部分目标错分为背景或部分背景错分为目标时,都会导致类间方差变小,因此使类间方差最大的阈值就是最佳分割阈值。Otso 阈值分割法的数学描述如下。

设线缆图像的灰度等级为 $[0, L-1]$,其中第 i 级像素为 N_i,$i \in [0, L-1]$,则图像的总像素点个数为

$$2^k \times 2^k \qquad (8-9)$$

式中,k 为位数。第 i 级像素出现的概率为

$$P_i = N_i / N$$

以阈值 T 将所有的像素分为目标 C_0 和背景 C_1,其中,C_0 类的像素灰度级为 $[0, T]$,C_1 类的像素灰度级为 $[T+1, L-1]$,得到图像的平均像素为

$$u_T = \sum_{i=0}^{L-1} i p_i \qquad (8-10)$$

得到 C_0 和 C_1 的均值为

$$u_0 = \frac{\sum_{i=0}^{T} i p_i}{\omega_0} \qquad (8-11)$$

$$u_1 = \frac{\sum_{i=T+1}^{L-1} i p_i}{\omega_1} \qquad (8-12)$$

式中,$\omega_0 = \sum_{i=0}^{T} p_i$,$\omega_i = \sum_{i=T+1}^{L-1} p_i = 1 = \omega_0$。

根据 $u_T = \omega_0 u_0 + \omega_1 u_1$,计算最大类间方差为

$$\sigma^2(T) = \omega_0 \omega_1 (u_0 - u_1)^2 \qquad (8-13)$$

令阈值 T 在 $[0, L-1]$ 内依次取值,$\sigma^2(T)$ 最大时的 T 值即为 Otsu 阈值分割法的最佳阈值。本研究中利用 Otsu 阈值分割法对线缆典型缺陷进行分割、提取。

8.4　特征提取方法

　　特征提取在机器学习、图形识别和影像处理中有诸多应用。特征提取从一个初始信息的资料集合中开始,构建出包含丰富信息且不冗余的值,该值称为特征值。提取出特征值的好处在于,可以对接下来的学习过程有所帮助并对判断进行归纳,在某些情况下可以让人们更容易对信息做出较好的诠释。利用 X 射线进行线缆扫描,产生的图像特征多种多样,总体来说,可分为颜色特征、纹理特征、形状特征和空间关系特征这几大类,本节为了验证特征维数约减算法提取了图像的灰度直方图统计特征、灰度共生矩阵纹理特征、Tamura 纹理特征、Gabor 小波纹理特征和尺度不变特征变换(SIFT)特征。

8.4.1　灰度直方图统计特征

　　灰度直方图统计特征是图像颜色特征的一种。灰度图像是指像素值在 0 ~ 255 范围的一类图像。灰度直方图是在图像检索领域颜色特征中广泛采用的一种视觉特征。灰度直方图描述了一幅图像的灰度级分布情况,灰度直方图灰度级的分布形态可以提供许多图像信息特征,颜色特征不受图像的旋转、平移和尺度变换等因素的影响,提取也比较容易,能够反映出较为丰富的信息,且具有较强的稳定性,甚至对图像的变形都能够表现出较良好的鲁棒性。

　　线缆灰度图像及其灰度直方图如图 8 - 5 所示。灰度直方图是图像中每种灰度级所包含像素个数的灰度级函数,它能够反映出每种灰度在图像中出现的频率。以图像的灰度作为横坐标轴的刻度,以具有相同灰度值的像素数目或该值与图像总像素的比值作为纵坐标。

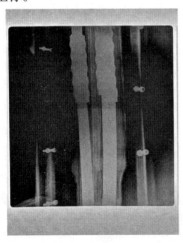
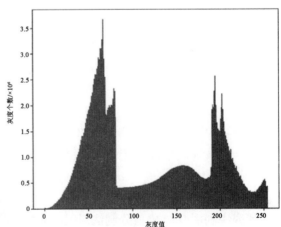

图 8 - 5　线缆灰度图像及其灰度直方图

　　从概率论的角度来解释灰度直方图就是用一张统计图来表现图像中各灰度值出现的

概率,灰度直方图即概率密度函数,而概率分布函数是概率密度函数的积分,即直方图的累积和是灰度直方图在 0～255 这样的灰度范围内的积分。

$$P(r) = \int_0^r p(r)\,\mathrm{d}r \qquad (8-14)$$

$$p(r) = \frac{\mathrm{d}P(r)}{\mathrm{d}r} \qquad (8-15)$$

式中,$P(r)$ 为概率分布函数;$p(r)$ 为概率密度函数。

针对灰度直方图,可有如下表示:

$$A(r) = \int_0^r H(r)\,\mathrm{d}r \qquad (8-16)$$

式中,r 为灰度值;$H(r)$ 为灰度值为 r 的像素点的个数;$A(r)$ 为灰度值从 0 到 r 范围内所有的像素点的个数。A_0 为图像总的像素个数,$A_0 = \int_0^{255} H(r)\,\mathrm{d}r$,则概率密度函数 $p(r)$ 为

$$p(r) = \frac{H(r)}{A_0} = \frac{\dfrac{\mathrm{d}A(r)}{\mathrm{d}r}}{A_0} \qquad (8-17)$$

概率分布函数 $P(r)$ 为

$$P(r) = \frac{1}{A_0}\int_0^r H(r)\,\mathrm{d}r \qquad (8-18)$$

离散情况下,$\mathrm{d}r=1$,$p(r) \approx \dfrac{\mathrm{d}A}{A_0}$,则概率密度函数 $p(r_k)$ 为

$$p(r_k) = \frac{n_k}{n} \qquad (8-19)$$

概率分布函数 $P(r_k)$ 为

$$P(r_k) = \sum_{i=0}^{k} \frac{n_i}{n} \qquad (8-20)$$

式中,n 为图像中总的像素个数;n_k 为灰度是 r_k 的像素个数。

根据以上公式求出灰度直方图各灰度级的统计信息,根据以上信息计算下列统计特征,其中 $p(r_k)$ 为图像直方图的表示,L 为图像的灰度级别,这里为 256。

（1）均值为

$$\mu = \sum_{k=0}^{L-1} k\,p(r_k) \qquad (8-21)$$

（2）方差为

$$\sigma_s = \sum_{k=0}^{L-1} (k-\mu)^2 p(r_k) \qquad (8-22)$$

式中,s 为像素点。

（3）倾斜度为

$$\mu_s = \frac{1}{\sigma^3} \sum_{k=0}^{L-1} (k-\mu)^3 p(r_k) \qquad (8-23)$$

（4）陡峭度为

$$\mu_k = \frac{1}{\sigma^4}\Big[\sum_{k=0}^{L-1} (k-\mu)^4 p(r_k) - 3 \Big] \tag{8-24}$$

（5）能量为

$$\mu_N = \sum_{k=0}^{L-1} p(r_k)^2 \tag{8-25}$$

式中，下标 N 为噪声。

（6）熵为

$$\mu_E = -\sum_{k=0}^{L-1} p(r_k)\log_2 p(r_k) \tag{8-26}$$

式中，下标 E 为均值。

8.4.2　灰度共生矩阵的纹理特征

灰度共生矩阵（GLDM）是一种通过研究灰度的空间相关特性来提取灰度图像纹理的统计分析方法。任何灰度图像都可以看成三维空间的一个曲面，灰度直方图虽然可以描述灰度图像中各灰度级出现的统计特性，但是不能良好地反映两个像素灰度级空间的联系和规律。在三维空间中，相隔一定距离的两个像素，其可能具有相同或不同的灰度级，若是可以通过一定的算法找到两个像素联合分布的统计形式，就可以对灰度图像中的纹理特征进行更精确的提取和分析。相关的研究可以在一些文献中找寻。

灰度共生矩阵图像表示如图 8 - 6 所示。

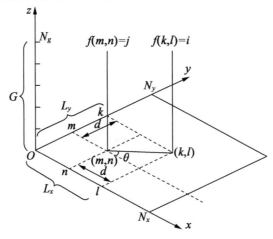

图 8 - 6　灰度共生矩阵图像表示

如图 8 - 6 所示，在坐标系中用 z 轴表示坐标 (x,y) 的像素灰度值。设 x 方向上图像的像素数为 N_x，而 y 方向上图像像素数为 N_y，将图像灰度做归一化处理，则

$$L_x = \{1,2,\cdots,N_x\}$$
$$L_y = \{1,2,\cdots,N_y\}$$
$$G = \{1,2,\cdots,N_g\}$$

式中,N_g 为最高灰度级。

此时,可以对图像进行从 $L_x \times L_y$ 到 G 的变换,即令 $L_x \times L_y$ 中的每一点有一个属于 G 的灰度相对应。

取图像$(N \times N)$中任意一点(x,y)以及$(x + \Delta x, y + \Delta y)$,设该点对应的灰度值为$(i,j)$ $(i,j \in G)$。对图像进行遍历就会产生不同的灰度值对(i,j),当灰度级为 k 时,(i,j)的组合即为 k^2 种。对于整个灰度图片,将统计得到的每一种(i,j)值出现的次数排列成方阵,再用(i,j)出现的总次数将它们归一化为出现的概率 $P(i,j)$,这样的方阵称为灰度共生矩阵。距离差分值$(\Delta x, \Delta y)$取不同的数值组合,可以得到不同情况下的联合概率矩阵。

用数学的方法定义灰度共生矩阵,就是从灰度图像中任一位置(x,y)灰度值为 i 的像素点出发,统计方向为 θ、间隔为 d、灰度值为 j 的像素同时出现的概率。其灰度共生矩阵可定义为

$$
\begin{aligned}
\boldsymbol{P}_c &= p(i,j,d,\theta) \\
&= \{ [(x,y),(x + \Delta x, y + \Delta y) | f(x,y) = if(x + \Delta x, y + \Delta y) = j; x = 0,1,2,\cdots,N_x - 1; \\
&\quad y = 0,1,2,\cdots,N_y - 1] \}
\end{aligned} \tag{8-27}
$$

由式$(8-27)$不难得出,对于纹理变化较慢的图像,矩阵对角线上的数值偏大;对于纹理变化较快的图像,矩阵对角线上的数据偏小,而对角线两侧区域的值较大,形成较为明显的差异。图像的灰度共生矩阵能够揭示出图像灰度值在空间上各方面的信息,其中包括方向、相邻间隔、变化幅度等,有了这个特征就能对图像的局部模式及其排列规则进行分析和研究。有了之前的基础,图像纹理特征的获取就不难了。

为了得到简化的表达式,在下面共生矩阵的表达式中,省略间隔 d 和方向 θ,用$p(i,j)$代替 $p(i,j,d,\theta)$。

正规化处理灰度共生矩阵:

$$
\frac{p(i,j)}{R} \Rightarrow p(i,j) \tag{8-28}
$$

式中,R 为正规化常数。

当取 $d = 1, \theta = 0°$ 时,像素对为图像的水平方向,即 $0°$ 扫描,此时每一行上的水平相邻点共有 $2(N_x - 1)$ 个灰度级,故共有 $2N_y(N_x - 1)$ 个水平相邻点,取 $R = 2N_y(N_x - 1)$。同样,当取 $d = 1, \theta = 45°$ 时,像素对为右对角线方向,即 $45°$ 扫描,故共有 $2(N_y - 1)(N_x - 1)$ 个相邻点,取 $R = 2(N_y - 1)(N_x - 1)$。由对称性可知,当 $\theta = 90°$ 和 $135°$ 时,其相邻点数为

$$
p_x(i) = \sum_{j=1}^{N_g} p(i,j), \quad i = 1,2,\cdots,N_g \tag{8-29}
$$

$$
p_y(i) = \sum_{j=1}^{N_g} p(i,j), \quad i = 1,2,\cdots,N_g \tag{8-30}
$$

$$
p_{x+y}(k) = \sum_{i=1}^{N_g} \sum_{j=1}^{N_g} p(i,j), \quad k = 2,3,\cdots,2N_g; i + j = k \tag{8-31}
$$

将图像的纹理特征用灰度共生矩阵进行描述,并计算其统计特征,可以得到下面的基本特征。

（1）能量（角二阶矩）为

$$f_1 \triangleq \sum_{i=1}^{N_g} \sum_{j=1}^{N_g} \{p(i,j)\}^2 \tag{8-32}$$

（2）对比度为

$$f_2 \triangleq \sum_{n=0}^{N_g-1} n^2 \left\{ \sum_{i=1}^{N_g} \sum_{j=1}^{N_g} p(i,j) \right\}, \quad |i-j| = n \tag{8-33}$$

（3）相关度为

$$f_3 \triangleq \frac{\left\{ \sum_{i=1}^{N_g} \sum_{j=1}^{N_g} i \cdot j \cdot p(i,j) - \mu_x \mu_y \right\}}{\sigma_x \sigma_y}, \quad |i-j| = n \tag{8-34}$$

式中，μ_x、σ_x 分别是 $\{p_x(i); i=1,2,\cdots,N_g\}$ 的均值和方差；μ_y、σ_y 分别是 $\{p_y(j); j=1,$ $2,\cdots,N_g\}$ 的均值和方差。

（4）熵为

$$f_4 \triangleq - \sum_{i=1}^{N_g} \sum_{j=1}^{N_g} p(i,j) \log_2 [p(i,j)] \tag{8-35}$$

大量的实验数据表明，在上面提到的灰度共生矩阵统计特征中最有效的是能量、对比度、相关度和熵。能量反映了图像中纹理的粗细程度及灰度分布均匀性，图像纹理较为规则且灰度分布也较为均一，则其值越大。对比度反映了图像纹理的粗糙程度。对于粗糙的纹理，元素主要集中在矩阵的对角线附近，此时，$|i-j|$ 的值较小，因此对比度也较小；反之，则细纹理的对比度较大。相关度是利用元素在行（列）方向上的相似程度来表示的，表明了图像的一种局部性质。行（列）方向上的元素值如果比较接近则其值越大；如果其值越小则表示元素值之间的差别较大。熵是反映图像信息量的指标，反映了图像纹理的复杂程度，其值越大表示元素分布越分散，同时它的值越大时，表明纹理具有最大的随机性。本书计算了每一特征 $f_i(i=1,2,\cdots,9)$ 关于不同方向（0°，45°，90°，135°）的平均值 $\bar{x}_{fi}$ 和方差 σ_{fi}，以期望得到旋转不变的纹理特征，即与方向无关的纹理特征。

8.4.3 Tamura 纹理特征

灰度共生矩阵虽然阐述了像素点在空间特征上的纹理统计特性，但是其并没有与人类的视觉感知建立对应的关系，Tamura 等人提出了纹理特征的 6 种属性，即为粗糙度、对比度、方向度、线性度、粗略度和规则度，其中粗糙度、对比度、方向度 3 个特征在纹理特征合成、图像识别等方面具有良好的应用价值，本书使用这 3 个特征量进行分析。

（1）粗糙度。

能否有效地对粗糙度进行描述是进行纹理特征提取的关键所在。首先，以 $2^k \times 2^k$ 个像素作为选取框，并将该选取框作为活动窗口来对整幅灰度图像进行遍历，计算活动窗口中像素的平均灰度值，即

$$A_k(x,y) = \sum_{i=x-2^{k-1}}^{x+2^{k-1}-1} \sum_{j=y-2^{k-1}}^{y+2^{k-1}-1} \frac{g(i,j)}{2^{2k}} \tag{8-36}$$

式中,$k = 1,2,\cdots,5$;$g(i,j)$ 为位于位置 (i,j) 的像素灰度值。

然后,选取图像中的一个像素点,计算出互不重叠且相邻窗口之间的平均强度差,包括水平方向和垂直方向。

$$E_{k,\mathrm{H}}(x,y) = |A_k(x + 2^{k-1},y) - A_k(x - 2^{k-1},y)| \qquad (8-37)$$

$$E_{k,\mathrm{V}}(x,y) = |A_k(x,y + 2^{k-1}) - A_k(x,y - 2^{k-1})| \qquad (8-38)$$

式中,$E_{k,\mathrm{H}}$ 为水平方向像素的平均强度差;$E_{k,\mathrm{V}}$ 为垂直方向的水平像素差。

为了达到最佳尺寸的设置,需要找到水平和垂直方向上的最大 E 值,并选用此时对应的 k 值,此时该像素点对应的最佳尺寸 $S_{\mathrm{best}}(x,y)$ 为

$$S_{\mathrm{best}}(x,y) = 2^k \qquad (8-39)$$

$$E_k = E_{\max} = \max(E_{1,\mathrm{H}},E_{1,\mathrm{V}},\cdots,E_{5,\mathrm{H}},E_{5,\mathrm{V}}) \qquad (8-40)$$

依此法,对灰度图像中的每个像素点进行遍历,便得到每个像素点对应的 $S_{\mathrm{best}}(x,y)$。

最后,计算粗糙度。粗糙度就是计算 $S_{\mathrm{best}}(x,y)$ 的平均值,即

$$F_{\mathrm{crs}} = \frac{1}{m \times n} \sum_{i=1}^{m} \sum_{j=1}^{n} S_{\mathrm{best}}(i,j) \qquad (8-41)$$

式中,m、n 分别是图像的宽和高。

显然,对于图像中的纹理,选取框的尺寸越大,或者选取框的重复次数越小,图像就越粗糙。

(2)对比度。

对比度反映了灰度图像中最亮区域和最暗区域间的灰度层次,显然灰度的差异越大代表对比度越明显。因此,对每个像素的相邻区域都分别计算均值、方差等统计特性,即对灰度图像灰度值的峰态 $\alpha_4 = \dfrac{\mu_4}{\sigma^2}$ 进行定义,其中 μ_4 为四阶矩均值,σ^2 为灰度图像灰度值的方差。对比度计算公式为

$$F_{\mathrm{con}} = \frac{\sigma}{(\alpha_4)^n} \qquad (8-42)$$

该值能够反映出图像对比度在全局上的度量情况,这里 n 取 $1/4$。

(3)方向度。

首先,逐个像素地计算其梯度向量,则该向量的模为

$$|\Delta G| = \frac{(|\Delta_{\mathrm{H}}| + |\Delta_{\mathrm{V}}|)}{2} \qquad (8-43)$$

方向为

$$\theta = \frac{\arctan\left(\dfrac{\Delta_{\mathrm{H}}}{\Delta_{\mathrm{V}}}\right) + \pi}{2} \qquad (8-44)$$

式中,Δ_{H}、Δ_{V} 为图像分别与以下模板进行卷积计算得到的,其中 Δ_{H} 是水平方向上的变化量,Δ_{V} 是垂直方向上的变化量。

$$\begin{matrix} -1 & 0 & 1 \\ -1 & 0 & 1 \\ -1 & 0 & 1 \end{matrix} \qquad \begin{matrix} 1 & 1 & 1 \\ 0 & 0 & 0 \\ -1 & -1 & -1 \end{matrix}$$

构造图像的方向角局部边缘概率直方图,有

$$H_D(k) = \frac{N_\theta(k)}{\sum\limits_{i=0}^{n-1} N_\theta(i)} \qquad (8-45)$$

式中,$N_\theta(k)$ 为当 $|\Delta G|$ 和 θ 满足 $|\Delta G| \geq t$,$\dfrac{(2k-1)\pi}{2n} \leq \theta \leq \dfrac{(2k+1)\pi}{2n}$ 时的像素的个数,其中 t 为需要设定的阈值。

最后,直方图中峰值的尖锐程度可被计算出来,则整幅图像的方向性为

$$F_{dit} = 1 - rn_p \sum_{p}^{n_p} \sum_{\varphi = \omega_p} (\varphi - \varphi_p)^2 H_D(\varphi) \qquad (8-46)$$

式中,r 为归一化因子;n_p 为峰值个数;φ_p 为波峰的中心位置;ω_p 为该峰值到其两侧谷底距离。

有作者针对现有 Tamura 纹理特征算法在计算方向度特征时的不足提出了改进:采用了改造后的旋转不变边缘方向直方图替代方向度纹理特征以准确确定直方图峰值;采用粗糙度直方图替代粗糙度的特征表达方式的方法充分反映图像上的纹理基元的尺寸大小分布。通过实验表明,改进后的 Tamura 纹理特征易于获取,包含更多图像信息量。

8.4.4　Gabor 小波纹理特征

小波变换是一种信号时间 – 频率分析方法,建立在傅里叶变换基础上,多分辨率分析是小波变换的一个特点,小波变换还能反映信号的局部特性。另外,小波变换能够进行多分辨率的分析,并且还具有反映信号局部特性的能力。小波变换能够分解任何能量有限的信号,且分解后的信号具有相同的对数带宽,这是傅里叶变换所不具备的性质。

Gabor 函数是经过正弦函数调制过的一种特殊的高斯函数。Gabor 小波变换分析方法是将 Gabor 函数作为在图像的小波分析时的小波变换基函数。如果将 Gabor 函数与图像进行卷积运算,就可得到变换域中系数的集合,这些系数的均值和方差就是 Gabor 小波纹理特征。从相关实验来看,这种纹理特征在提取图像局部区域的频率和方向信息的性能上具有很好的效果。且相比其他小波滤波器,Gabor 小波在医学图像纹理分析上更具优势。其中,二维对称高斯函数定义为

$$g(x,y) = \frac{1}{2\pi\sigma_x\sigma_y} \exp\left[-\left(\frac{x^2}{2\sigma_x^2} + \frac{y^2}{2\sigma_y^2} \right) \right] \qquad (8-47)$$

式中,$\exp\left[-\left(\dfrac{x^2}{2\sigma_x^2} + \dfrac{y^2}{2\sigma_y^2} \right) \right]$ 的复变量 $\exp(2\pi j\omega_x)$ 定义的是沿 x 轴方向产生的复变正弦波,其中 ω_x 是频率,j 是虚函数单位。

此时,沿自变量方向的二维高斯函数在高斯包络下的复变正弦波为

$$Gabor(x,y) = g(x,y) \cdot \exp(2\pi j\omega_x) \qquad (8-48)$$

即

$$g(x,y) = \frac{1}{2\pi\sigma_x\sigma_x} \exp\left[-\left(\frac{x^2}{2\sigma_x^2} + \frac{y^2}{2\sigma_y^2} \right) + 2\pi j\omega_x \right] \qquad (8-49)$$

再做傅里叶变换为

$$G(u,v) = \exp\left\{ -\frac{1}{2}\left[\frac{(u-\omega)^2}{\sigma_u^2} + \frac{v^2}{\sigma_v^2} \right] \right\} \tag{8-50}$$

式中,$\sigma_u = \dfrac{1}{2\pi\sigma_x}$;$\sigma_v = \dfrac{1}{2\pi\sigma_y}$。

将 $g(x,y)$ 作为母小波,对 $g(x,y)$ 进行模板旋转,能够得到新的模板,称为 Gabor 小波:

$$g_{m,n}(x,y) = a^{-m}g(x',y'), \quad a>1; \; m,n\in \mathbf{Z} \tag{8-51}$$

式中

$$\begin{cases} x' = a^{-m}(x\cos\theta + y\sin\theta) \\ y' = a^{-m}(-x\cos\theta + y\sin\theta) \end{cases} \tag{8-52}$$

式中,$\theta = \dfrac{n\pi}{k}$;$n\in[0,k-1]$;a^{-m} 为尺度因子,$m\in[0,s-1]$;k 为方向数;s 为总尺度数。

对于一幅灰度图像 $I(i,j)$ 来说,利用 Gabor 小波进行纹理特征提取,令第 m 个尺度上的第 n 个方向上的 Gabor 滤波器为 $g_{m,n}(x,y)$,那么在该尺度该方向上的梯度为

$$W_{m,n}(x,y) = \sum_{i=0}^{M-1}\sum_{j=0}^{N-1} I(i,j)g_{m,n}(x-i, y-j) \tag{8-53}$$

式中,M 为图像的宽;N 为图像的高。

则系数模的平均值 μ_{mn} 为

$$\mu_{mn} = \frac{1}{M\times N}\sum_{i=0}^{M-1}\sum_{j=0}^{N-1} |W(x,y)| \tag{8-54}$$

标准方差 σ_{mn} 为

$$\sigma_{mn} = \frac{1}{M\times N}\sum_{i=0}^{M-1}\sum_{j=0}^{N-1} |W(x,y)| \tag{8-55}$$

式中,m 为尺度;n 为方向。

将 μ_{mn}、σ_{mn} 作为图像的纹理特征。

8.4.5　SIFT 特征

David G. Lowe 在 1999 年首次提出尺度不变特征变换(Scale Invariant Feature Transform, SIFT),该变换能够使用局部特征描述子描述图像。2004 年,该方法得到进一步完善,其突破在于基于不变量技术的特征检测方法上,SIFT 特征具有良好的旋转不变性和图像尺度空间。此外,SIFT 特征对于视角和光照的变化也能保持较好的稳定性,同时 SIFT 特征还在立体空间和频域空间上得到了较好的局部化,因此使得噪声干扰的降低成为可能。其求解过程如下。

(1)检测尺度空间极值。

已有学者分别证明了高斯卷积核实现尺度变换的变换核和高斯核是唯一的线性核。那么,对于尺度空间理论来说,首先运用高斯核对原始图像进行尺度变换,在得到多尺度条件下图像尺度空间的序列表示后,再对这些序列进行不同尺度空间的特征提取。二维

高斯核的定义为

$$G(x,y,\sigma) = \frac{1}{2\pi\sigma^2} e^{-(x^2+y^2)/2\sigma^2} \tag{8-56}$$

将二维图像 $I(x,y)$ 与高斯核进行卷积得到 $L(x,y,\sigma)$，即尺度空间在不同尺度下的表示为

$$L(x,y,\sigma) = G(x,y,\sigma) * I(x,y) \tag{8-57}$$

式中，(x,y) 为图像 I 上的点；L 为尺度空间；σ 为尺度因子；$*$ 为在 x 方向和 y 方向上的卷积。

由此可见，选择一个合适的尺度因子进行平滑是建立尺度空间的关键。

本书利用高斯差值（Difference of Gaussian，DOG）方程与图像进行卷积运算，求取尺度空间的极值，以提高在尺度空间上进行稳定特征点检测的速度，如果用 DOG 表示，则计算如下：

$$
\begin{aligned}
D(x,y,\sigma) &= \left[G(x,y,k\sigma) - G(x,y,\sigma) \right] * I(x,y) \\
&= L(x,y,k\sigma) - L(x,y,\sigma)
\end{aligned} \tag{8-58}
$$

式中，k 为常数，书中取 $k = \sqrt{2}$。

在提取尺度不变特征点的实际过程中，在尺度空间中引入图像的金字塔模型来表示尺度空间，尺度空间建立过程如图 8-7 所示。首先，通过将原始图像与高斯函数不断卷积产生一系列图像，产生的这一系列图像被视为图像金字塔中的第一阶。然后对 2 倍尺度的第一阶中的第一幅图像进行 2 倍像素距离的采样，将采样得到的图像视为金字塔的第二阶的第一幅图像；之后，将该图像与不同尺度因子的高斯核再进行卷积运算，同样将得到的图像视为金字塔第二阶的一组图像。依次类推，就可以得到第三阶的图像，最终就得到了高斯金字塔图像。然后，将每阶相邻的高斯图像做减法运算，从而得到了 DOG 图像，即高斯差分图像。

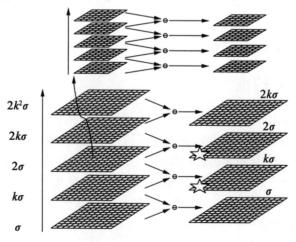

图 8-7　尺度空间建立过程

DOG 尺度空间中，中间层里的每个像素点都需要与 26 个相邻像素点进行比较，从而得到尺度空间的极值点，这 26 个点主要包括：同一层的相邻 8 个像素点及上、下一层的相

邻 9 个像素点。能够最大程度上保证在二维图像空间和尺度空间上的局部极值都被检测到。若某像素点的 DOG 在相邻的 26 个像素中是最大的或最小的,则认为该点是局部极值点。高斯滤波能够保证图像特征点的选择不会受到噪声的影响;DOG 图像能够很好地避免特征点不受亮度改变的影响,而在 DOG 图像空间中所提取的极值点则极大地保证了图像尺度不变的特性。

(2)精确定位特征点的位置。

对检测到的极值点进行二次拟合,进而进行低对比度特征点的位置和尺度的精确确定,以避免 DOG 因边缘和噪声引起的敏感变换。采用 Taylor 级数对尺度空间方程 $D(x,y,\sigma)$ 进行展开:

$$D(X) = D + \frac{\partial D^T}{\partial X}X + \frac{1}{2}X^T\frac{\partial^2 D}{\partial X^2}X \tag{8-59}$$

式中,$X = [x,y,\sigma]^T$,$\dfrac{\partial D}{\partial X} = \begin{bmatrix} \dfrac{\partial D}{\partial x} \\ \dfrac{\partial D}{\partial y} \\ \dfrac{\partial D}{\partial \sigma} \end{bmatrix}$,$\dfrac{\partial^2 D}{\partial X^2} = \begin{bmatrix} \dfrac{\partial^2 D}{\partial x^2} & \dfrac{\partial^2 D}{\partial xy} & \dfrac{\partial^2 D}{\partial x\sigma} \\ \dfrac{\partial^2 D}{\partial yx} & \dfrac{\partial^2 D}{\partial y^2} & \dfrac{\partial^2 D}{\partial y\sigma} \\ \dfrac{\partial^2 D}{\partial \sigma x} & \dfrac{\partial^2 D}{\partial \sigma y} & \dfrac{\partial^2 D}{\partial \sigma^2} \end{bmatrix}$。

可通过附近区域的差分近似求得式(8-59)中的一阶导数和二阶导数,将式(8-59)求导并令其为零,可得到精确的极值位置 $\hat{X}$ 为

$$\hat{X} = -\frac{\partial^2 D^{-1}}{\partial X^2}\frac{\partial D}{\partial X} \tag{8-60}$$

将式(8-60)代入式(8-59)中,得到

$$D(\hat{X}) = D + \frac{1}{2}\frac{\partial D^T}{\partial X} \tag{8-61}$$

若 $|D(\hat{X})| \leqslant 0.03$,则丢弃该特征点,否则就保留该特征点。这样即可除去对比度较低的点。

此外,还应去除具有不稳定性的边缘响应点,主要是排除在边缘切向有较大主曲率而在边缘垂直方向有较小主曲率的点集。其中,主曲率的计算可以利用 Hessian 矩阵 $H_{2\times2}$ 来实现。由于 H 的特征值正比于 D 的主曲率,因此利用 Harris 和 Stephens 提出的方法,不需要求出其特征值,只需求出其特征值之间的比值即可。此时,假设 H 的最大特征值和最小特征值分别用 α 和 β 代表,用 γ 表示二者的比值,即 $\gamma = \dfrac{\alpha}{\beta}$。

$$H = \begin{bmatrix} D_{xx} & D_{xy} \\ D_{xy} & D_{yy} \end{bmatrix} \tag{8-62}$$

$$\mathrm{Tr}(H) = D_{xx} + D_{yy} = \alpha + \beta \tag{8-63}$$

$$\mathrm{Det}(H) = D_{xx}D_{yy} - (D_{xy})^2 = \alpha\beta \tag{8-64}$$

$$\frac{\mathrm{Tr}(H)^2}{\mathrm{Det}(H)} = \frac{(\alpha+\beta)^2}{\alpha\beta} = \frac{(\gamma\beta+\beta)^2}{\gamma\beta^2} = \frac{(\gamma+1)^2}{\gamma} \tag{8-65}$$

若 $\dfrac{\mathrm{Tr}(\boldsymbol{H})^2}{\mathrm{Det}(\boldsymbol{H})} \geqslant \dfrac{(\gamma+1)^2}{\gamma}$（一般取 $\gamma=10$），则丢弃该特征点，否则保留该特征点。这样就可去除不稳定的边缘响应点。

（3）确定特征点的主方向。

在经过点的位置精确化、去除对比度较低的点、消除边缘响应后所保留下的 DOG 尺度空间检测到的局部极值点称为关键点，此时的关键点信息主要是位置信息和尺度信息。为了使关键点特征描述符的表示与方向相关，对每个关键点进行基于图像局部属性的一致性方向的分配，这样就得到了图像旋转不变量。

为了使算子具备旋转不变性，可利用特征点邻域像素梯度方向的分布特性为每个特征点指定方向参数，(x,y) 处的梯度值和方向分别为

$$m(x,y) = \sqrt{\left[L(x+1,y)-L(x-1,y)\right]^2 + \left[L(x,y+1)-L(x,y-1)\right]^2} \quad (8-66)$$

$$\theta(x,y) = \arctan\dfrac{L(x,y+1)-L(x,y-1)}{L(x+1,y)-L(x-1,y)} \quad (8-67)$$

针对每一个关键点，对其一个邻近窗口内的所有采样点的方向和梯度大小进行计算，并利用梯度直方图的方式将邻域像素的梯度方向统计出来。梯度直方图的范围设定为 $0° \sim 360°$，每 $10°$ 为一个方向，共计 36 个方向，一个特征点可能具有多个方向，除了上述主方向还有辅方向。每个特征点的主方向与采用梯度方向直方图的峰值作为特征点邻域梯度的主方向一致。每个特征点的辅方向与梯度方向直方图中存在另一个相当于主峰值 80% 能量的峰值时的方向一致。

（4）生成 SIFT 特征描述符。

SIFT 特征描述符能够在增强算法抗噪声能力的同时，实现特征匹配。首先，为了保持旋转不变性，将坐标轴调整到与特征点相同的方向上；其次，如图 8-8（a）所示，将当前特征点置于中间，并以其为中心选取一个 8×8 的窗口，每个小格子表示中心特征点的邻域所在尺度空间的像素点，格子内标记的箭头长度是梯度的模值，而每个像素点的梯度方向则用箭头表示，距离特征点越近的像素，梯度方向信息对整体贡献越大；再次，分别计算 4×4 图像块上 8 个方向的梯度方向直方图，再计算每个梯度方向的累计值形成一个种子点，如图 8-8（b）所示。最后，一个特征点便由 4 个种子点来表示，而每个种子点则都包含了 8 个方向的向量信息，这样便会产生 32 个数据，即 32 维 SIFT 特征向量（特征描述符）。

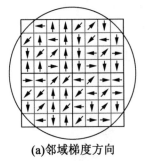
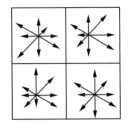

(a)邻域梯度方向　　　　　　　(b)特征点描述

图 8-8　特征点特征向量描述

8.4.6 　特征向量归一化

综合分析图像的特征,由于每个特征值物理意义和取值范围的不同,因此它们相互间在数量级上存在很大差别。即使对同一个特征的不同分量的取值区间也会存在巨大的不同,如灰度共生矩阵中的各个分量(能量、熵等)。若特征或者特征分量相对于其他分量取值过小,则对相似度计算几乎不起作用,而当分量的值选取过大时,又会使结果出现误差。因此,需要防止非常小的元素在计算中被忽略。对图像特征而言,各个参数之间存在着物理意义和取值范围的差异,特征向量分量的意义和量纲各不相同,为了使各分量在计算相似距离时具有相同的权重,因此在计算相似距离前需要将特征向量内部各分量进行归一化。常用的归一化方法可分为外部归一化和内部归一化。

外部归一化针对不同的特征向量进行归一化,由于不同特征向量(颜色、纹理)代表的实际物理含义不同,无法进行直接比较,因此特征向量外部归一化实际上是对采集的图像集中所有图像之间的相似距离进行归一化处理,这样就可以保证不同的特征向量在相似度计算中具有相同重要度。归一化的步骤如下。

(1)计算采集的图像集中每两个图像所对应特征向量间的相似距离:

$$D_{ij} = \text{distance}(F_i, F_j), \quad i,j = 1,2,\cdots,M; i \neq j \tag{8-68}$$

(2)计算式(8-68)中的$\dfrac{M(M-1)}{2}$个距离值的均值 m_D 和标准差 σ_D。

(3)对查询图像 Q,计算其与图像库中每个图像的相似距离,记为 $D_{1Q}, D_{2Q}, \cdots, D_{MQ}$,再对 $D_{1Q}, D_{2Q}, \cdots, D_{MQ}$ 按下式进行线性变换(上标代表归一化结果):

$$D_{IQ}^{(N)} = \frac{\dfrac{D_{IQ} - m_Q}{3\sigma_Q} + 1}{2} \tag{8-69}$$

这样得到的 $D_{IQ}^{(N)}$ 会落在$[0,1]$区间。对区间外的数值取 0 或者 1,这样就保证所有数值均在区间内。所以,通过特征向量外部归一化就可以保证不同的特征向量在相似度计算中具有相同的重要度。

内部归一化与外部归一化不同,内部归一化在于解决同一特征向量的不同分量的重要性问题。通过特征向量内部归一化,使特征向量内的不同分量在计算相似度时具有相同的重要度,不会因为量纲和物理含义的不同而使结果产生巨大的偏差。常用的归一化方法有线性归一化、均匀分布归一化及高斯归一化等。本书主要采用高斯归一化,具体步骤如下。

(1)计算图像库中每两个图像所对应特征向量间的相似距离:

$$D_{ij} = \text{distance}(F_i, F_j), \quad i,j = 1,2,\cdots,M; i \neq j \tag{8-70}$$

(2)计算式(8-70)中的$\dfrac{M(M-1)}{2}$个距离值的均值 m_D 和标准差 σ_D。

(3)对查询图像 Q,计算其与图像库中每个图像的相似距离,记为 $D_{1Q}, D_{2Q}, \cdots, D_{MQ}$。

(4)对 $D_{1Q}, D_{2Q}, \cdots, D_{MQ}$ 先按下式高斯归一化(上标 N 代表归一化结果):

$$D_{i,j}^{(N)} = \frac{f_{i,j} - m_j}{\sigma_j} \tag{8-71}$$

转换到区间,再做如下线性变换:

$$D_{iQ}^{(N)} = \frac{\dfrac{D_{iQ} - m_Q}{3\sigma_Q} + 1}{2} \qquad (8-72)$$

这样得到的 $D_{iQ}^{(N)}$ 会落在 $[0,1]$ 区间内。实际应用中,可将区间外的值取为 -1 或 1,以保证所有的 $f_{i,j}$ 的值均落在区间内,并且也不会影响后续处理过程。通过实验观察发现,少数极大或极小的数不会影响归一化后的数值分布。

8.5　特征降维方法

前一节对图像进行了多种特征的提取,然而图像中提取的特征越多,组成图像特征向量的维度越高。但是在实际的应用中,特征向量维数越高并不能保证检索的精度越好,反而会因为维数高导致运算量增加,运算速度降低。检索结果的精确性在某种程度上是由特征向量间的相关性决定的。接下来就将讨论本书提取的这些特征之间的相关性,实现高维特征的降维。

特征降维(feature dimension reduction)就是在高维特征集合中根据一定的准则优化缩小特征空间,从中挑选出一些不相关的特征组合成新的低维特征集合的过程,是在进行机器学习前主要的预处理步骤。自 20 世纪 70 年代以来,特征降维便得到了广泛的研究。而近些年来,随着各个领域(如文本分类、图像检索和基因染色体组工程等)研究的深入开展,不仅涉及的数据实例数目不断增加,而且数据实例的特征维数也是不断增高的,如此庞大的数据会导致机器学习算法在学习性能和可测量性能上产生严重的问题。目前已有的大量实验表明,特征降维能够有效地消除特征之间的冗余,除去特征之间的关联,增强数据挖掘的性能,改进机器学习的性能,并且能够加强机器学习结果的理解能力。

高维特征集合往往存在着以下的问题:①特征的数目庞大;②存在着许多的与给定任务仅有微弱联系的特征;③特征间存在着很大程度的相关性;④存在着一定的噪声数据。

特征降维主要有特征抽取和特征选择两种方式。特征抽取也常称为特征重参数化(feature reparametrization)。该方法对原始特征空间实施变换,以达到生成一个特征维数较少,特征间维数更加独立的特征空间的目的。常用的抽取算法可分为线性算法和非线性算法。其中常用的线性算法有主成分分析法(PCA)、独立成分分析法(ICA)、投影追踪法和线性区别分析法等;常用的非线性算法有 Kohonen 匹配法、非线性 PCA 网络法、Sammon 投影法和非线性区别分析法等。

特征选择则是在特征集合中筛选出一个真子集,且满足选择后特征集的维数远小于原特征集维数。特征选择是在原始特征空间中选出其中的重要特征组成一个新的特征,新特征维数较低并且未改变原始特征空间具有的性质。

8.5.1　特征降维方法介绍

目前广泛采用的特征降维方法主要有主成分分析法(Principal Component Analysis,PCA),局部线性嵌入法(Locally Linear Embedding, LLE)和局部保持映射法(Locality Preserving Projection，LPP）等。

（1）PCA。

PCA 是最重要的降维方法之一。在对数据进行压缩消除冗余和数据噪声消除等领域都有广泛的应用，是一种具有局部最优特点的线性降维方法。

PCA 的目的就是找出存在的数据中最主要的方面，用最主要的元素替代原始数据以达到降维的目的。在许多特征中，寻找出最主要的特征元素，可以大大简化之后的运算，同时又保证了结果的准确性。假设数据集是 n 维的，共有 m 个特征（$x^{(1)},x^{(2)},\cdots,x^{(m)}$）。由于数据量太大，一次性处理大量的数据对计算机的要求很高，为了节省时间和资源，需要对数据进行降维，将这 m 个特征的维度从 n 维降到 n' 维，虽然会造成数据损失，但是若损失在可控范围内，仍然可对降维特征进行分析。

最简单的情况，当 $n=2$、$n'=1$，即将数据从二维空间降到一维空间时，根据需要，找到某一个维度方向，可以对这个二维的数据进行准确的表达，通常按照以下两种准则进行选取。

①样本点到这条直线的距离足够近。

②样本点在这条直线上的投影尽可能分散。

当把从一维推至任意维度时，降维的标准就变为如下准则。

①样本点到超平面的距离足够近。

②样本点在超平面上的投影尽可能分散。

基于上述两个标准就可以得到 PCA 两种等价的推导方法，分别是基于最小投影距离方法和基于最大投影方差方法。

基于最小投影距离方法：设数据集为 n 维的，共有 m 个特征（$x^{(1)},x^{(2)},\cdots,x^{(m)}$），且满足 $\sum\limits_{i=1}^{m}x^{(i)}=0$。经投影变化后得到的坐标系为 $\{w_1,w_2,\cdots,w_n\}$，其中 w 是标准正交基，即 $\|w\|_2=1$，$w_i^{\mathrm{T}}w_i=0$。

当进行降维时，设特征从 n 维降到 n' 维，得到新的坐标系 $\{w_1,w_2,\cdots,w_{n'}\}$，样本点 $x^{(i)}$ 在 n' 维坐标系中的投影为 $z^{(i)}=[z_1^{(i)},z_2^{(i)},\cdots,z_{n'}^{(i)}]^{\mathrm{T}}$。其中 $z_i^j=w_j^{\mathrm{T}}x^{(i)}$ 是 $x^{(i)}$ 在低维坐标系里第 j 维的坐标。

当使用 $z^{(i)}$ 来恢复原始的特征集 $x^{(i)}$ 时，得到特征集为

$$\overline{x}^{(i)}=\sum_{j=1}^{n'}w_j^{\mathrm{T}}x^{(i)}=Wz^{(i)} \tag{8-73}$$

式中，W 为由标准正交基组成的矩阵。

考虑整个特征集，根据算法的初衷，令所有的样本到超平面的距离最小，于是问题便归整为求解下式的最小化。

$$\sum_{i=1}^{m}\|\overline{x}^{(i)}-x^{(i)}\|_2^2 \tag{8-74}$$

通过线性代数的知识化简可得

$$\sum_{i=1}^{m}\|\overline{x}^{(i)}-x^{(i)}\|_2^2=-\mathrm{tr}(W^{\mathrm{T}}XX^{\mathrm{T}}W)+\sum_{i=1}^{n}x^{(i)\mathrm{T}}x^{(i)} \tag{8-75}$$

最小化式（8-75）可得

$$\operatorname{argmin} - \operatorname{tr}(\boldsymbol{W}^{\mathrm{T}} \boldsymbol{X} \boldsymbol{X}^{\mathrm{T}} \boldsymbol{W}), \quad \text{s. t. } \boldsymbol{W}^{\mathrm{T}} \boldsymbol{W} = \boldsymbol{I} \tag{8-76}$$

利用拉格朗日函数,对 $\boldsymbol{W}$ 求偏导可得 $-\boldsymbol{X}\boldsymbol{X}^{\mathrm{T}}\boldsymbol{W} + \lambda\boldsymbol{W} = 0$,整理即可得出

$$\boldsymbol{X}\boldsymbol{X}^{\mathrm{T}}\boldsymbol{W} = \lambda\boldsymbol{W} \tag{8-77}$$

显然当将特征集从 n 维降到 n' 维时,需要求得 n' 个特征值对应的特征向量所组成的 $\boldsymbol{W}$ 矩阵。对于原始的特征集,只需要用 $\boldsymbol{z}^{(i)} = \boldsymbol{W}^{\mathrm{T}}\boldsymbol{x}^{(i)}$,就可以把原始特征集降维到最小投影距离的 n' 维数据集。

基于最大投影方差方法:中心思想为样本点在超平面上的投影尽可能分散,即方差最大。在计算上和基于最小投影距离的方法相近,对于一个任意的样本点 $\boldsymbol{x}^{(i)}$,在降维后的坐标系中的投影为 $\boldsymbol{W}^{\mathrm{T}}\boldsymbol{x}^{(i)}$,投影方差为 $\boldsymbol{W}^{\mathrm{T}}\boldsymbol{x}^{(i)}\boldsymbol{x}^{(i)\mathrm{T}}\boldsymbol{W}$,最大化投影方差就是最大化 $\sum\limits_{i=1}^{m}\boldsymbol{W}^{\mathrm{T}}\boldsymbol{x}^{(i)}\boldsymbol{x}^{(i)\mathrm{T}}\boldsymbol{W}$ 的迹,即

$$\operatorname{argmax} \operatorname{tr}(\boldsymbol{W}^{\mathrm{T}} \boldsymbol{X} \boldsymbol{X}^{\mathrm{T}} \boldsymbol{W}), \quad \text{s. t. } \boldsymbol{W}^{\mathrm{T}} \boldsymbol{W} = \boldsymbol{I} \tag{8-78}$$

接下来运用和基于最小投影距离相同的处理方法,可得

$$\boldsymbol{X}\boldsymbol{X}^{\mathrm{T}}\boldsymbol{W} = -\lambda\boldsymbol{W} \tag{8-79}$$

得出和基于最小投影距离一样的结论,即只需要用 $\boldsymbol{z}^{(i)} = \boldsymbol{W}^{\mathrm{T}}\boldsymbol{x}^{(i)}$,就可以把原始特征集降维到最小投影距离的 n' 维数据集。

PCA 假设的是一个线性的超平面,当特征为非线性时,不可直接进行 PCA 降维,此时可利用核函数,先将特征集从 n 维映射到线性可分的高维空间 $N(N > n)$,再对 N 维空间进行降维。使用了核函数的 PCA 称为核组成成分分析,简称 KPCA。

(2)LLE。

与 PCA 不同,LLE 更加注重保持特征样本局部的线性特性。LLE 属于流形分析的一种,因此在介绍 LLE 之前有必要介绍一下流形学。

流形分析是局部具有欧几里得空间性质的空间。在不同的学科中都有极其广泛的应用。流形分析认为,所观察的特征其实是一个从低维流形映射来的高维流形,由于一些特性,在映射过程中便出现了信息冗余,带来了许多不需要的信息,因此,流形分析认为,将高维流形向低维流形映射,同样可以表示所需要的特征。

接下来举例说明,对于平面上的一个圆,可以用一个二维的坐标系进行表示,圆上的坐标都在坐标系中,但是坐标系中的所有坐标并不全是所表示的圆的坐标,因此不能表示圆的坐标点,都可归为冗余坐标。因此,流形学的思想史建立一种描述,使用该描述所确定的所有点的集合都在这个圆上,且对圆上的点的描述具有连续性和不间断性。此时,当采用极坐标时,问题就转换为一个圆心在原点的圆,可以用半径对圆进行描述。当改变半径大小时,就能产生连续不断的"能转换为二维坐标表示"的圆。因此,二维空间的圆实际上就是一个一维流形,也可以说圆周是除欧氏空间外最简单的流形。

与之相似,对于一个三维空间的球面,如地球仪,虽然可以使用三维坐标系表示,但是其存在许多冗余的坐标点,同理也可以用两个数据表示球面上的点,如经纬度。因此使用流形分析可以降低冗余度,高维空间特征中的冗余变换到低维空间就可以明显减少。

但是使用流形分析时需要注意的一点是,传统算法大多使用欧氏距离作为评价两点之间距离的方式,但是这种表达方式存在明显的缺陷。如当数据在三维空间中的分布类似于"瑞士卷"时,欧氏距离显然不能很好地刻画特征数据的内部特征,因为这种方式显

然会忽略掉"瑞士卷"的形态信息。如揉乱的纸张,很难进行表示或者存在很多冗余的信息,但是当纸张铺开之后,就可以在一个二维空间进行详细描述,同时不改变自身所包含的信息。因此流形可以刻画特征数据更加本质的特征,它摒弃了冗余的信息,对数据的处理更加快捷,节省运算量。

如上段所述当欧氏距离不再适用时,需要其他的算法来表示空间内的样本更加准确的特性,此时便引入等距映射,等距映射算法在降维后保持了样本之间的测地距离,而测地距离将能更好地反映样本之间在流形中的真实距离。但是等距映射算法存在一个显著的缺陷,即当特征的维度较高、数据量较大时,需要占用大量的计算时间资源。鉴于这个缺陷,LLE 首先预设样本集在局部具有线性特征,通过采用局部最优解的方式进行降维,以此达到降低计算量的目的。

LLE 的核心思想认为线性关系只在特征样本的附近起作用,而距离较远的特征样本对局部图像没有任何影响。首先 LLE 假设特征在局部具有线性特性,因此对于样本 x_1,可以使用其邻域中的其他几个样本 $x_2, x_3, x_4, \cdots$ 进行线性表示,即

$$x_1 = w_{12}x_2 + w_{13}x_3 + w_{14}x_4 \tag{8-80}$$

式中,w_{12}、w_{13}、w_{14} 为权重系数。

进行局部线性嵌入降维后,样本 x_1 对应 x_1',样本 x_2、x_3、x_4 对应 x_2'、x_3'、x_4',算法希望对于降维后的特征样本仍然保持相同的线性关系:

$$x_1' = w_{12}x_2' + w_{13}x_3' + w_{14}x_4' \tag{8-81}$$

即权重系数不发生改变。

LLE 流程如图 8 - 9 所示。

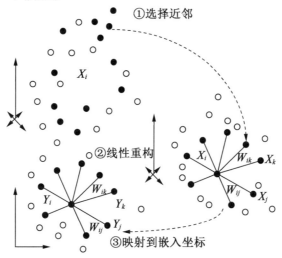

图 8 - 9　LLE 流程

由图 8 - 9 可知,LLE 主要分为 3 步。

①首先,确定邻域大小和用来表示特征样本的邻域样本数量,然后可在邻域内采用欧氏距离的方法进行距离度量(类似于 KNN 算法的思想)。

②通过计算得出权重系数,得出每个样本在其邻域空间内的线性表达式。

③利用权重系数,在低维流形中重构样本的数据,便可得到一个降维后的特征数

据集。

与 PCA 一样, LLE 也存在一些问题, 如当近邻数 k 大于输入维度时, 权重系数矩阵将会出奇异阵。为此, 产生了一些 LLE 的优化, 如 Hessian Based LLE (HLLE)、Modified Locally Linear Embedding (MLLE) 和 Local tangent space alignment (LTSA)。HLLE 算法通过引入 Hessian 矩阵, 将 LLE 中的线性关系修正为保持 Hessian 举证的二次型的关系; MLLE 算法在进行近邻搜索中引入了权重的概念, 传统的 k 近邻算法是找寻最近的 k 个邻域, MLLE 算法通过衡量近邻分布的权重保证样本的各个方向上都有邻域分布; LSTA 则是尽量保持降维后的局部几何关系与降维前一致, 利用了局部几何到整体性质过渡的方法。

虽然 PCA 和 KPCA 都可对数据进行降维, 但是其在降维过程中会造成数据间拓扑结构的破坏; LLE 及其优化算法虽然能够解决高维且满足线性分布条件的数据降维问题, 但这种方法没有全局变换矩阵, 无法做到随着数据的增加及时地进行变换矩阵的更新。为了得到更加准确的结果, 有人提出了局部保持映射 (LPP) 算法。

(3) LPP。

LPP 是以图像模型为基础建立起来的, 其最早应用于特征降维是在 Laplacian Eigenmap 中。简单地说, LPP 是基于假设近邻的点有较大概率属于同一类, 而将其用到特征降维邻域中, 就是保证高维空间中距离相近的点在进行特征降维后在低维空间中也是相近的。将 LPP 准则用于特征降维邻域中演化出了一系列的特征降维算法, 主要有 LE (Laplacian Eigenmap)、LPP 和 LS (Laplacian Score) 等降维方法, 其中 LE 和 LPP 是特征提取方法, 并且 LPP 是 LE 算法的线性形式, 而 LS 是特征选择方法。这里简要介绍 LPP。

LPP 的基本思想是, 保证在原始空间中距离较近的点通过特征降维后在低维空间中也保持较近的距离来保留原始数据的局部结构, 进而实现局部保留的目的。特别地, 针对类内有多个聚类的问题 (multimodel), 其他的一些如 Fisher's 线性判别器等降维算法会破坏数据的分布特性, 将类内的多个聚类投影成唯一的聚类, 但 LPP 却能够取得较好的结果。其算法如下。

若存在一个给定的特征向量集合 $\{x_1, x_2, \cdots, x_{3m}\}$, 其中 $x \in \mathbf{R}^n$, m 是特征向量的维数, 试图利用 LPP 求得变换矩阵 A, 使得降维后的特征向量集合为 $\{y_1, y_2, \cdots, y_m\}$, 其中 $y \in \mathbf{R}^l$, 且 $l \leq n$。将 x_i 利用 y_i 来表示, 即 $y_i = A^T x_i$, 其中 $A = [a_0, a_1, \cdots, a_{l-1}]$。LPP 的具体实现如下。

(1) 找出每个特征向量 x_i 的近邻点。选择最接近特征向量 x_i 的 K 个特征作为 x_i 的近邻点。

(2) 计算出每个近邻点特征向量的权值, 利用这些权值实现该特征向量重建权值矩阵的构造。权值矩阵 W 是一个 $m \times m$ 的对称稀疏矩阵, 其中每个元素 W_{ij} 表示权重值, 即特征向量 x_i 与其近邻点之间距离的权重值。有如下计算:

$$W_{ij} = \exp\left(-\frac{\|x_i - x_j\|^2}{t}\right) \qquad (8-82)$$

式中, t 是可调的参数。

(3) 通过每个特征向量构造出的重建权值矩阵和根据其近邻点得到的特征向量及特征值可以得到输出向量。

在进行局部重建权值矩阵的计算时,定义如下的代价函数:

$$J(\mathbf{y}) = \sum_{ij} (\mathbf{y}_i - \mathbf{y}_j)^2 W_{ij} \qquad (8-83)$$

式中,近邻点 $\mathbf{x}_i$ 和 $\mathbf{x}_j$ 的输出为 $\mathbf{y}_i$ 和 $\mathbf{y}_j$,近邻点 $\mathbf{x}_i$ 和 $\mathbf{x}_j$ 之间的权值为 W_{ij}。在进行映射时需保证该代价函数的取值为最小。这么做的目的就是保证在降维后(即将高维空间中的原始特征向量映射到低维空间中),特征 $\mathbf{y}_i$ 和 $\mathbf{y}_j$ 仍然具有原始特征向量所具有的拓扑结构。即如果 $\mathbf{x}_i$ 和 $\mathbf{x}_j$ 间的距离是足够近的,则 $\mathbf{y}_i$ 和 $\mathbf{y}_j$ 间的距离也必须是足够近的。

令 $\mathbf{y}_i = \mathbf{a}^{\mathrm{T}}\mathbf{x}_i$,则式(8-83)可改写为

$$J(\mathbf{a}) = \mathbf{a}^{\mathrm{T}}\mathbf{X}(\mathbf{D} - \mathbf{W})\mathbf{X}^{\mathrm{T}}\mathbf{a} \qquad (8-84)$$

式中,$\mathbf{X} = [\mathbf{x}_1, \mathbf{x}_2, \cdots, \mathbf{x}_m]$;$\mathbf{D}$ 是一个对角矩阵;权值矩阵 $\mathbf{W}$ 每行或每列的和是 $\mathbf{D}$ 中对角线上的值,即满足 $d_{ii} = \sum_j W_{ij}$。则矩阵 $\mathbf{D} - \mathbf{W}$ 一定是一个拉普拉斯矩阵。矩阵 $\mathbf{D}$ 给出了一种进行数据重要性度量的最基本方法,若数据越重要,其对应的 d_{ii} 也越大。基于这种原因,对式(8-84)实施如下的约束:

$$\mathbf{y}^{\mathrm{T}}\mathbf{D}\mathbf{y} = 1 \Rightarrow \mathbf{a}^{\mathrm{T}}\mathbf{X}\mathbf{D}\mathbf{X}^{\mathrm{T}}\mathbf{a} = 1 \qquad (8-85)$$

即上述代价函数最小化问题转化为在 $\mathbf{a}^{\mathrm{T}}\mathbf{X}\mathbf{D}\mathbf{X}^{\mathrm{T}}\mathbf{a} = 1$ 条件的约束下,求解下式:

$$\tilde{a} = \arg\min_a \mathbf{a}^{\mathrm{T}}\mathbf{X}\mathbf{L}\mathbf{X}^{\mathrm{T}}\mathbf{a} \qquad (8-86)$$

式中,$\mathbf{L} = \mathbf{D} - \mathbf{W}$。$\mathbf{y}^{\mathrm{T}}\mathbf{D}\mathbf{y} = 1$ 这一约束条件消除了在映射过程中尺度因素的影响。运用拉格朗日乘子法进行求解,得到如下方程:

$$\zeta = \mathbf{a}^{\mathrm{T}}\mathbf{X}\mathbf{L}\mathbf{X}^{\mathrm{T}}\mathbf{a} - \lambda \mathbf{a}^{\mathrm{T}}\mathbf{X}\mathbf{D}\mathbf{X}^{\mathrm{T}}\mathbf{a} \qquad (8-87)$$

对式(3-87)的两边进行求导,并令其导数为零,得到

$$\mathbf{X}\mathbf{L}\mathbf{X}^{\mathrm{T}}\mathbf{a} = \lambda \mathbf{X}\mathbf{D}\mathbf{X}^{\mathrm{T}}\mathbf{a} \qquad (8-88)$$

这样就将代价函数最小化的问题转化为求解矩阵特征值的问题,即使代价函数取得最小值的投影向量就是满足式(8-88)的特征向量 $\mathbf{a}_i(i = 0, 1, \cdots, l-1)$,该特征向量对应的特征值就是代价函数的最小值。

尽管在实际应用中基于 LPP 实现的特征降维取得了一定的成果,但 LPP 是一种非监督降维的方法。由于 LPP 的局部保持特性且未考虑样本间类别的信息,若两类样本间的距离是比较近的,会导致两类样本的混淆,造成最终分类的不准确。以下将通过理论分析对上述情况进行探讨。

LPP 的目标函数为

$$\sum_{ij} (\mathbf{y}_i - \mathbf{y}_j)^2 W_{ij} = B + S = \sum_{ij} (\mathbf{y}_i - \mathbf{y}_j)^2 B_{ij} + \sum_{ij} (\mathbf{y}_i - \mathbf{y}_j)^2 S_{ij} \qquad (8-89)$$

式中

$$B_{ij} = \begin{cases} W_{ij}, & \mathbf{x}_i \text{ 与 } \mathbf{x}_j \text{ 不属于同一类} \\ 0, & \text{其他} \end{cases} \qquad (8-90)$$

根据局部保留准则,LPP 的主要目的是使在原始空间中邻近的点进行降维后在低维的投影空间中也是邻近的。显然,这一特征降维准则对属于同一类别的相近点适用,对分属不同类别的相近点不适用。一个优秀的降维投影算法应该将这些邻近的却属于不同类

别的点分开。

如式(8-89),对等号右边的第二项(同类)进行最小化的处理是很恰当的,而对等号右边的第一项(异类)进行最小化的处理则会对不同的类别的区分产生不利的影响。这就是导致 LPP 将两类靠得比较近样本混淆到一起的最主要原因。但是,如果不同类在原始空间中本身就具有较好的分离度的数据,则不会出现将不同的类混淆到一起的情况。这是因为就任意的数据点而言,与其相近的点只可能是同类的数据点,并不会出现与其相近点是异类点的情况。回到式(8-89)中,即 B_{ij} 始终为 0,则等号右边的第一项恒为 0,这并不会对最后投影方向的求解产生任何影响。但是这种情况并未考虑异类点间的关系,而仅仅只是利用了同类点之间的相近关系进行降维映射。

LLP 的优点在于在降维过程中不仅能够保持原始数据间的拓扑结构,又能借助 k 最近邻算法实现全局最优的线性降维方法,该方法具有较好的降维性能,但也存在两个显著的缺点:由于 LPP 具有局部保持的特性,而且并没有考虑类别信息,因此当两类样本间的距离较近(即两类样本间的差异较小)时,会导致将这两类样本混淆,为后续诸如分类、可视化等工作造成麻烦;LPP 中的维数往往是根据经验确定的,而特征降维的维数将对后续机器学习的效果甚至图像检索的效果造成很大影响。针对 LPP 存在的这两个主要问题,本书对 LPP 进行了改进,提出了 SALPP(Supervised Adaptive Locality Preserving Projection),即有监督的自适应局部保持映射法。

(4)SALLP。

通过以上对 SALPP 和 LPP 的介绍及分析可以看出,优秀的降维准则或方法不仅要保证在降维后最大限度地保留原始数据中类内的局部结构,同时也必须考虑不同类间分离度的问题。SALPP 能够同时满足以上两个要求,就是在保留类内局部结构的同时最大化类间分离度。

基于以上的 SALPP,对 LPP 做出如下改进。可以通过最小化式(8-91)达到保留类内结构的目的:

$$\sum_{ij} (\boldsymbol{y}_i - \boldsymbol{y}_j)^2 S_{ij} \tag{8-91}$$

粗略看来,式(8-91)与 LPP 算法的目标函数十分相似,但是式(8-91)中的 S_{ij} 与 LPP 中的 W_{ij} 意义是不同的。W_{ij} 是对所有数据进行全局的近邻搜索得到的;S_{ij} 是通过类内近邻搜索得到的类内近邻点 $\boldsymbol{x}_i$ 和 $\boldsymbol{x}_j$ 的相似程度,即对于任意的数据点,只搜索其同类数据点中近邻点。故称 S 为类内相似度矩阵。式(8-91)的具体含义为:对进行降维投影后相距较远的类内近邻点做出较大的惩罚,这样通过最小化式(8-91)就能够保证在进行降维投影后同一类内的近邻点仍然相近。

同时,通过最大化式(8-92)实现类间具有较好的分离度,即

$$\sum_{ij} (\boldsymbol{y}_i - \boldsymbol{y}_j)^2 B_{ij} \tag{8-92}$$

式中,B_{ij} 是通过类间近邻搜索得到的类间近邻点 $\boldsymbol{x}_i$ 与 $\boldsymbol{x}_j$ 的相似程度,即对于任意数据点,只搜索在其不同类中数据点的近邻。与类内相似度矩阵 S 相似,称 B 为类间相似度矩阵。式(8-92)的具体含义为:对进行降维投影后相距较近的类间近邻点做出较小的惩罚,这样通过最大化式(8-92)就能够保证在进行降维投影后不同类间的近邻点在低维

空间中相距较远。

综合这两者进行考虑,SALPP 的目标函数为

$$\max \frac{\sum_{ij}(y_i - y_j)^2 B}{\sum_{ij}(y_i - y_j)^2 S_{ij}} \qquad (8-93)$$

假设若所求的投影向量为 a,有 $y = a^T X$。其中,X 的第 i 列与 y 的第 i 行为分别为 x_i 和 y_i。代入式(8-93)中,经过变换后,目标函数可改写为

$$\frac{\frac{1}{2}\sum_{ij}(y_i - y_j)^2 B_{ij}}{\frac{1}{2}\sum_{ij}(y_i - y_j)^2 S_{ij}} = \frac{\frac{1}{2}\sum_{ij}(a^T x_i - a^T x_j)^2 B_{ij}}{\frac{1}{2}\sum_{ij}(a^T x_i - a^T x_j)^2 S_{ij}}$$

$$= \frac{\sum_i a^T x_i D_{ii}^B x_i^T a - \sum_{ij} a^T x_i B_{ij} x_j^T a}{\sum_i a^T x_i D_{ii}^S x_i^T a - \sum_{ij} a^T x_i S_{ij} x_j^T a}$$

$$= \frac{a^T X(D^B - B)X^T a}{a^T X(D^S - S)X^T a}$$

$$= \frac{a^T X L^B X^T a}{a^T X L^S X^T a} \qquad (8-94)$$

式中,$X = [x_1, x_2, \cdots, x_m]$;$D^B$、$D^S$ 为对角矩阵。D^B 中的元素是类间相似度矩阵 B 对应的列或行上的元素之和,D^S 中的元素是类内相似度矩阵 S 对应的列或行上的元素之和,B 和 S 均为对称矩阵。同时,$L^B = D^B - B$,$L^S = D^S - S$。最大化目标函数的投影向量 a,即为下面广义特征值问题的最大特征值对应的特征向量:

$$XL^B X^T a = \lambda XL^S X^T a \qquad (8-95)$$

通常,仅有一个单一的投影向量是不能满足以上条件的。同样地,可以通过式(8-95)得到对应于 d 个最大特征值的 d 个投影向量。

以下给出 SALPP 的基本步骤。

①使用近邻法进行类内和类间邻接图的构造,方法如下。

类内邻接图:当点是点或点是点的各类内近邻(Intra Class KNN)之一时,将点和点相互连接。

类间邻接图:当点是点或点是点的各类间近邻(Extra Class KNN)之一时,将点和点相互连接。

②选择权重,采用高斯权重来分别计算类内权重矩阵和类间权重矩阵,相似度为

$$W_{ij} = \exp\left(-\frac{\|x_i - x_j\|^2}{t}\right) \qquad (8-96)$$

类内邻接图有:

$$S_{ij} = \begin{cases} W_{ij}, & x_i \text{ 与 } x_j \text{ 属于同一类} \\ 0, & \text{其他} \end{cases}$$

类间邻接图有:

$$B_{ij} = \begin{cases} W_{ij}, & \boldsymbol{x}_i \text{ 与 } \boldsymbol{x}_j \text{ 不属于同一类} \\ 0, & \text{其他} \end{cases}$$

③对下式进行广义特征值的求解：

$$\boldsymbol{X} \boldsymbol{L}^B \boldsymbol{X}^T \boldsymbol{a} = \lambda \boldsymbol{X} \boldsymbol{L}^S \boldsymbol{X}^T \boldsymbol{a} \qquad (8-97)$$

式中，$\boldsymbol{L}^B = \boldsymbol{D}^B - \boldsymbol{B}, \boldsymbol{L}^S = \boldsymbol{D}^S - \boldsymbol{S}$。

设列向量 $\boldsymbol{a}_1, \boldsymbol{a}_2, \cdots, \boldsymbol{a}_d$ 是式(8-97)的解，该特征向量对应的特征值就是式(8-95)的 d 个最大的且由大到小排列的特征值，即 $\lambda_1 > \lambda_2 > \cdots > \lambda_d$。降维后的结果为

$$\boldsymbol{x}_i \rightarrow \boldsymbol{y}_i = \boldsymbol{A}^T \boldsymbol{x}_i, \quad \boldsymbol{A} = [\boldsymbol{a}_1, \boldsymbol{a}_2, \cdots, \boldsymbol{a}_d] \qquad (8-98)$$

式中，$\boldsymbol{x}_i$ 是原始 n 维空间中的向量，将 $\boldsymbol{x}_i$ 嵌入 d 维的低维空间后得到向量 $\boldsymbol{y}_i$，$\boldsymbol{A}$ 是一个 $n \times d$ 的矩阵。

以上讨论的都是线性降维。以下将使用核函数把以上的线性降维方法推广到非线性的情况中。假设欧氏空间 R^n 可以通过一个非线性的核函数 φ 投影到希尔伯特空间中：$R^n \rightarrow H$。$\varphi(\boldsymbol{X}) = [\varphi(\boldsymbol{X}_1), \varphi(\boldsymbol{X}_2), \cdots, \varphi(\boldsymbol{X}_m)]$ 是希尔伯特空间中的数据矩阵。则希尔伯特空间中的广义特征值问题为

$$[\varphi(\boldsymbol{X}) \boldsymbol{L}^B \varphi^T(\boldsymbol{X})] \boldsymbol{v} = \lambda [\varphi(\boldsymbol{X}) \boldsymbol{L}^S \varphi^T(\boldsymbol{X})] \boldsymbol{v} \qquad (8-99)$$

由于式(8-99)中的特征向量 $\boldsymbol{v}$ 可由 $\varphi(\boldsymbol{X}_1), \varphi(\boldsymbol{X}_2), \cdots, \varphi(\boldsymbol{X}_m)$ 进行线性表示，故可以写为

$$\boldsymbol{v} = \sum_{i=1}^{m} \alpha_i \varphi(\boldsymbol{x}_i) = \varphi(\boldsymbol{X}) \boldsymbol{\alpha} \qquad (8-100)$$

式中，$\boldsymbol{\alpha} = [\alpha_1, \alpha_2, \cdots, \alpha_m]^T \in \mathbf{R}^m$。代入式(8-97)中，有

$$\boldsymbol{K} \boldsymbol{L}^B \boldsymbol{K} \boldsymbol{\alpha} = \lambda \boldsymbol{K} \boldsymbol{L}^S \boldsymbol{K} \boldsymbol{\alpha} \qquad (8-101)$$

式中，$\boldsymbol{K}$ 是核矩阵，$K_{ij} = \varphi^T(\boldsymbol{x}_i) \varphi(\boldsymbol{x}_j) = \varphi(\boldsymbol{x}_i, \boldsymbol{x}_j)$。对上述广义特征值问题进行求解，得到对应于 d 个最大特征值的 d 个特征向量 $\boldsymbol{\alpha}^1, \boldsymbol{\alpha}^2, \cdots, \boldsymbol{\alpha}^d$。则任意数据点 $\boldsymbol{x}$ 在特征向量 $\boldsymbol{v}^k$ 上的投影为

$$\boldsymbol{v}^k \cdot \varphi(\boldsymbol{x}) = \sum_{i=1}^{m} \alpha_i^k (\varphi(\boldsymbol{x}_i) \varphi(\boldsymbol{x})) = \sum_{i=1}^{m} \alpha_i^k \varphi(\boldsymbol{x}_i, \boldsymbol{x}) \qquad (8-102)$$

式中，向量 $\boldsymbol{\alpha}^k$ 的第 i 个元素为 α_i^k。

对于任一数据点 $\boldsymbol{x}_i$，经过核函数之后的降维结果为

$$\boldsymbol{V}^T \varphi(\boldsymbol{x}_i) = [\boldsymbol{\alpha}^1, \boldsymbol{\alpha}^2, \cdots, \boldsymbol{\alpha}^d]^T [\varphi(\boldsymbol{x}_1, \boldsymbol{x}_i), \varphi(\boldsymbol{x}_2, \boldsymbol{x}_i), \cdots, \varphi(\boldsymbol{x}_m, \boldsymbol{x}_i)]^T \qquad (8-103)$$

式中，$\boldsymbol{V} = (\boldsymbol{v}^1, \boldsymbol{v}^2, \cdots, \boldsymbol{v}^d) = (\varphi(\boldsymbol{X}) \boldsymbol{\alpha}^1, \varphi(\boldsymbol{X}) \boldsymbol{\alpha}^2, \cdots, \varphi(\boldsymbol{X}) \boldsymbol{\alpha}^d)$

8.5.2　有监督的自适应局部保持映射算法

在以上的 SALPP 算法中，特征降维的维数是可以任意确定的。对于图像检索而言，同一个特征库降维到不同维数时，会产生差别较大的查全率和查准率，即对检索结果造成极大的影响。若降维后的维数过大，则不能够完全消除高维向量间的相关性；若降维后的维数过小，则会破坏数据原始的拓扑结构，造成低维空间的重叠。降维维数的不同将会对系统的查询性能产生直接的影响。

特征降维的维数对图像检索结果有着较大影响,特征维数对检索系统性能的好坏起着决定性的作用。相关文献表明,随着特征维数的增加,统计模式分类器的准确度也随之增加;但当维数增加到一定数量后,若特征维数持续增加,则统计模式分类器的准确度反而会减小。对于准确表述图像模式而言,选择一个合适的特征降维的维数是极其重要的。

（1）特征向量维数确定。

贝叶斯信息准则是公认的进行特征向量集评估的最佳准则。贝叶斯决策理论是主观贝叶斯学派归纳理论的一个重要组成部分,是在信息不完整的情况下,对部分未知的状态用主观概率进行估计,然后通过贝叶斯公式对发送的概率进行修正,最后利用期望和修正概率做出最优决策。对于一个类的分类问题而言,贝叶斯分类器先进行后验概率 $q_1(X)$,$q_2(X)$,$\cdots$,$q_L(X)$ 的比较,将未知的样本 X 分类到其后验概率最大的那一类别中。这 L 个后验概率函数具有足够的信息进行 L 类的分区。通过概率论的基本理论可知,$\sum\limits_{l=1}^{L} q_l(X) = 1$,即在这 L 个后验概率函数中只有 $L-1$ 个是线性独立的,即 $L-1$ 个特征是能够区分出这 L 个类别的最小特征集。将数据从 N 维降维到 $L-1$ 维后,$L-1$ 维空间的贝叶斯误差与原来 N 维空间的贝叶斯误差相同,并未丢失分类所需的信息。故确定降维维数 D 和原始类别数 L 之间的关系满足

$$D = L - 1 \tag{8-104}$$

SALPP 算法确定的降维后的维数与原始图像库中具有的图像的类别数满足式（8-104）的关系。然而,通常来说图像数据库中图像的类别数是不确定的,这样就不能根据式（8-104）确定特征降维的维数。但就医学图像数据而言,数据库中的图像间具有一定的相似性,可将相似的图像看作是一类,而整个图像数据库认为是多类图像组成的集合。通过相似性聚类方法对图像数据库中的图像进行聚类来确定图像数据库中具有的图像类别数。有了图像的类别数就能够确定出 SALPP 算法降维的维数。本书采用自适应的模糊均值聚类算法进行图像数据库中图像的聚类。

（2）模糊 C—均值聚类算法（FCM）及 Ward 聚类算法。

有 $X = \{x_1, x_2, \cdots, x_n\}$ 为特征类的样本集,则 FCM 的目标函数如下:

$$J_m(U,v) = \sum_{i=1}^{c} \sum_{k=1}^{n} u_{ik}^m x_k - v_i^2 \tag{8-105}$$

式中,c 为聚类的数目;m 为模糊权重指数;$u_{ik}(i=1,2,\cdots,c;k=1,2,\cdots,n)$ 为第 k 个样本对第 i 个聚类中心的隶属度,且 $0 \leqslant u_{ik} \leqslant 1$,$\sum\limits_{i=1}^{c} u_{ik} = 1$,$\forall k=1,2,\cdots,n$;$v_i(i=1,2,\cdots,c)$ 为第 i 个聚类中心。

FCM 的具体步骤如下。

①对各个输入参数进行初始化,指定聚类簇的个数 c,且 c 满足 $2 \leqslant c \leqslant n$,指定模糊权重指数 m 和迭代停止阈值 ε,选定初始的聚类中心 $V^{(b)} = \{v_1, v_2, \cdots, v_c\}$,令迭代次数 $b=0$。

②更新划分矩阵 $U^{(b)}$。

对 $\forall i,k$，如果 $\exists d_{ik}^b > 0$，则有

$$u_{ik}^{(b)} = \left\{ \sum_{j=1}^{c} \left[\left(\frac{d_{ik}^{(b)}}{d_{ik}^b} \right)^{\frac{2}{m-1}} \right] \right\}^{-1} \tag{8-106}$$

若 $\exists i,k$ 使 $d_{ik}^b = 0$，则有 $u_{ik}^{(b)} = 1$，且对 $j \neq i$，$u_{ik}^{(b)} = 0$。

③计算并更新聚类中心矩阵 $\boldsymbol{V}^{(b+1)}$，有

$$v_i^{(b+1)} = \frac{\sum\limits_{k=1}^{n} (u_{ik}^{(b+1)})^m x_k}{\sum\limits_{k=1}^{n} (u_{ik}^{(b+1)})^m} \tag{8-107}$$

式中，$\forall i = 1, 2, \cdots, c$。

④若 $\|\boldsymbol{V}^{(b)} - \boldsymbol{V}^{(b+1)}\| < \varepsilon$，停止计算并输出聚类中心 $\boldsymbol{V}$ 和划分矩阵 $\boldsymbol{U}$，否则令 $b = b+1$，返回②。

运用如上的基于划分思想的经典 FCM 对图像数据库中的图像进行初始聚类，然后对初始聚类后得到的结果簇采用基于层次的聚类方法不断地进行分裂来完成整个聚类过程。在整个聚类的分裂过程中，每次选取初始聚类形成的一个簇对其再次使用 FCM 将其分裂为两个类，换句话说就是在分裂每个簇时采用的聚类数目是 2，这样每进行一次分裂后簇的总数目会加一，直到簇个数等于图像数据库中的图像数目为止。本书采用 Ward 方差方法作为在每次选取应该分裂的簇的标准，即本次要分裂的簇是分裂后簇内方差变化量最大的簇。在分裂过程中，将对各个聚类数目的结果簇及其方差和予以记录。在分裂完成后，引入一个可有效地估计最佳聚类数目的量化指标，该指标是基于每次分裂时簇内方差变化量计算得出的。

广泛应用于基于层次凝聚的 Ward 最小方差聚类算法，也简称为 Ward 聚类算法。在进行初始聚类时，Ward 聚类算法将每个数据对象都看作一个簇，进而进行这些原始簇的合并使其成为较大的簇。在合并簇的过程中，计算出每一步数据到对应簇中心的能够反映出簇紧凑性的误差平方和，采用欧氏距离来度量对象间的距离，采用平方误差准则函数作为目标函数。故 Ward 聚类算法在合并时选择合并后具有最小簇内方差的两个簇进行合并。

在本书中，尝试将 Ward 聚类算法的思想应用于簇的分裂过程。当要分裂一个簇时，如果簇的误差平方和减少的最多，则它们之间的紧凑性最小，可将这个簇分裂成两个子簇。在此将这种分裂方法称为 Ward 分裂方法。

应用 Ward 分裂方法进行簇的分裂过程如下。

若有 k 个簇 $C_i (i=1,2,\cdots,k)$，$W_i (i=1,2,\cdots,k)$ 为其簇内方差，当 C_i 分裂为 C_i^1 和 C_i^2 时，簇的簇内方差分别为 W_i^1 和 W_i^2，则分裂 C_i 所导致的簇内方差的减少量为

$$
\begin{aligned}
\delta(C_i) &= W_i - W_i^1 - W_i^2 \\
&= \sum_{x_i \in C_i} |x_i - \overline{x_i}|^2 - \sum_{x_i^1 \in C_i^1} |x_1 - \overline{x_i^1}|^2 - \sum_{x_i^2 \in C_i^2} |x_2 - \overline{x_i^2}|^2
\end{aligned}
\tag{8-108}
$$

式中，$\overline{x_i}$、$\overline{x_i^1}$、$\overline{x_i^2}$ 分别是 C_i、C_i^1、C_i^2 的簇中心。

采用 Ward 聚类算法使 $\delta(C_i)$ 最大的簇 C_i 进行分裂的依据如下。

命题　设 C_i、C_j 为两个簇。若 $\delta(C_i) > \delta(C_j)$，则分裂 C_i 导致较小的簇内方差。

证明　设簇 C_i 的簇内方差为 W_i，分裂 C_i 时，簇内方差和减少为

$$P_i = \sum_{m \neq i} W_m + W_i^1 + W_i^2 = \sum_{m \neq i} W_m + (W_i - \delta(C_i)) \tag{8-109}$$

同样，簇 C_j 的方差为 W_j，分裂 C_j 时，簇内方差和减少为

$$P_j = \sum_{m \neq j} W_m + W_j^1 + W_j^2 = \sum_{m \neq j} W_m + (W_j - \delta(C_j)) \tag{8-110}$$

而原来簇的方差和是相等的，即

$$\sum_{m \neq i} W_m + W_i = \sum_{m \neq j} W_m + W_j \tag{8-111}$$

因此，若 $\delta(C_i) > \delta(C_j)$，则 $P_i > P_j$，即分裂 C_i 将得到较小的簇内方差。

引入基于簇内方差变化量的指标：

$$S(k) = \frac{P(k-1) - P(k)}{P(k) - P(k+1)} \tag{8-112}$$

式中，$P(k)$ 是 k 个簇的方差和，$P(k) = \sum_{i=1}^{k} W_i$，。

$S(k)$ 是在进行分裂时相邻两阶段的两次分裂间簇内方差变化量的比值。该值能够反映出在聚类过程中簇内方差变化量的趋势，当该值取得最大时 $S(k)$ 对应的 k 即为最佳的聚类数目，表示簇内方差变化量的转折点。

①$C_i(i = 1, 2, \cdots, k)$ 为初始聚类得到的 k 个簇，调用 FCM(C_i, 2) 将每个簇分裂为 C_i^1，C_i^2。

②对每个簇计算 $\delta(C_i)$。设 i' 为 $\delta(C_i)$ 达到最大值时的下标，分裂 $C_{i'}$ 后簇的总数目加 1，直到 k 值与数据个数相同。

③对每一个 k，计算 $S(k)$ 的值并进行比较。设当 $k = K_{best}$ 时，能够使得 $S(k)$ 取到最大值，输出 K_{best}，并令 $L = K_{best}$。这样便得到了原始图像数据库图像自动聚类的数目。

在得到了原始图像数据库图像自动聚类的数目后，应用 SALPP 进行图像特征降维。具体的步骤如下。

①计算图像的各个特征。

②对图像的特征进行聚类，计算聚类数 L，确定降维维数 $D = L - 1$。

③用 SALPP 进行降维，作为描述图像的特征向量。

8.5.3　支持向量机原理

支持向量机(Support Vector Machine, SVM)，是一种二分类算法，对线性问题和非线性问题都能做到很好的解决，同时经过扩展和优化，现在支持多元分类。在介绍 SVM 之前，简单介绍一下感知机的分类原理及其相关概念。

感知机的目的就是将问题进行分类，对二维坐标系中具有两种不同属性的离散点，感知机的模型通过寻找一条直线，将两种点进行分类。因此，对于更高维的空间，感知机的作用就是寻找一个超平面。若是这个超平面不存在，则意味着感知机模型不存在，也就是类别不可分。所以，使用感知机的一个前提就是必须保证数据是线性可分的。

设对一个二元类别隔离问题,定义分离的超平面,在超平面上方定义参数 y 为 1,在超平面下方定义参数 y 为 -1。由经验不难得出,满足条件且存在的超平面不止一个,因此需要定义优化的损失函数,对超平面的泛化能力进行筛选,选择泛化能力最强的超平面作为最终的结果。最优化损失函数的思想就是要使得所有未分类的点到超平面的距离和最小。最小化损失函数为

$$\sum_{x_i \in M} - y^i (\boldsymbol{w}^\mathrm{T} x^{(i)} + b) / \|\boldsymbol{w}\|_2 \tag{8-113}$$

在感知机模型中,采用保留分子,令分母为 1 的最终感知机模型的损失函数为

$$\sum_{x_i \in M} - y^i (\boldsymbol{w}^\mathrm{T} x^{(i)} + b) \tag{8-114}$$

由超平面 $\boldsymbol{w}^\mathrm{T} x + b = 0$ 可得,$|\boldsymbol{w}^\mathrm{T} x + b = 0|$ 表示点 x 到超平面的相对距离。通过判断其与 y 是否同号,可以判断分类是否正确,因此可定义函数间隔为 $L = y(\boldsymbol{w}^\mathrm{T} x + b)$。但是函数间隔不能准确地反映点到超平面的距离,将函数间隔与上面公式结合分析不难得出,当分子成比例增长时,分母也成倍增长。因此,为了统一度量,通过对法向量 $\boldsymbol{w}$ 施加约束,就得到几何间隔为

$$L' = \frac{y(\boldsymbol{w}^\mathrm{T} x + b)}{\|\boldsymbol{w}\|_2} = \frac{L}{\|\boldsymbol{w}\|} \tag{8-115}$$

几何间隔才是点到超平面的真正距离。

在感知机模型中,可以找到多个超平面,将空间中的数据分开,最优解即为所有的点都被准确地分类。因为较远处的点对结果不产生影响,因此处理的重点就落在了距离线最近的点上,处理的思想就是让超平面尽量远离这些近的点,最大化几何间隔,得到最佳的分类效果。如果所有的样本不但可以被超平面 $\boldsymbol{w}^\mathrm{T} x + b = 0$ 准确分割,还与超平面保持了一定的函数距离(设函数距离为 1),那么这样的超平面是明显优于感知机得到超平面的,这样的超平面只存在一个。因此,定义和超平面保持一定函数距离的且平行的两个超平面(分别为 $\boldsymbol{w}^\mathrm{T} x + b = 1$ 和 $\boldsymbol{w}^\mathrm{T} x + b = -1$)所对应的向量为支持向量。SVM 的模型是让所有点到超平面的距离大于一定的距离,也就是所有的分类点要在各自类别的支持向量两边。表达式为

$$\max L = \frac{y(\boldsymbol{w}^\mathrm{T} x + b)}{\|\boldsymbol{w}\|_2}, \quad \text{s. t. } y_i (\boldsymbol{w}^\mathrm{T} x_i + b) = L' \quad (i = 1, 2, \cdots, m) \tag{8-116}$$

一般地,取函数间隔 $L' = 1$,于是优化函数定义为

$$\max \frac{1}{\|\boldsymbol{w}\|_2} \text{ s. t. } y_i (\boldsymbol{w}^\mathrm{T} x_i + b) \geq 1 \quad (i = 1, 2, \cdots, m) \tag{8-117}$$

可以看出,这个感知机的优化方式不同于传统的固定分母优化分子的方式,SVM 是固定分子优化分母,同时加上了支持向量的限制。

线性可分 SVM 算法的处理流程为:输入是线性可分的 m 个样本 (x_1, y_1), $(x_2, y_2), \cdots, (x_m, y_m)$,其中 $\boldsymbol{x}$ 为 n 维特征向量。Y 为二元输出,值为 1 或者 -1。输出为分类超平面的参数 w^* 和分类决策函数 b^*。算法大致如下。

(1)构造约束优化函数。

$$\min \frac{1}{2} \sum_{i=1}^{m} \sum_{j=1}^{m} \alpha_i \alpha_j y_i y_j (x_i x_j) - \sum_{i=1}^{m} \alpha_i, \quad \text{s.t.} \sum_{i=1}^{m} \alpha_i y_i = 0, \quad \alpha_j \geqslant 0 \quad (i = 1, 2, \cdots, m)$$

$$(8-118)$$

（2）利用 SMO 算法求解当式（8-118）取得最小值时 $\boldsymbol{\alpha}$ 向量的值（$\boldsymbol{\alpha}^*$ 向量）。

（3）计算 $w^* = \sum_{i=1}^{m} \alpha_i^* y_i x_i$。

（4）求出所有的 S 个支持向量，即满足 $\alpha_S > 0$ 对应的样本 (x_S, y_S)，通过 $y_S \left(\sum_{i=1}^{m} \alpha_i y_i \boldsymbol{x}_i^{\mathrm{T}} x_S + b \right) = 1$，得出每个支持向量 (x_S, y_S) 对应的 b_S^*，再计算出 $b_S^* = y_S - \sum_{i=1}^{m} \alpha_i y_i \boldsymbol{x}_i^{\mathrm{T}} x_S$。所有的 $b_S^* = \frac{1}{S} \sum_{i=1}^{S} b_S^*$。

最终，解得超平面为 $w^* \boldsymbol{x} + b_S^* = 0$，分类决策函数为 $f(x) = \mathrm{sgn}(w^* x + b_S^*)$。SVM 无法解决非线性问题，原因在于线性数据集中存在少量异常点，这些点的存在导致数据集不再线性可分。

利用 SVM 解决分类问题的重点是求解最优超平面，但是在现实生活中，非线性问题所占比例很大，因此最优分类面应该是非线性分类面。非线性问题能够通过非线性变换的方法来解决，该方法能够将非线性问题转化到高维空间中形成线性问题，这时在变换后的高维空间中求取最优分类面就非常简单了。

利用 SVM 处理非线性分类问题时，先将训练样本集通过适当的核函数做非线性变换映射到高维特征空间，然后在新的高维特征空间中寻找对应于原始数据空间中的最优分类超平面，图 8-10 所示为输入原始空间与高维特征空间的变换图。

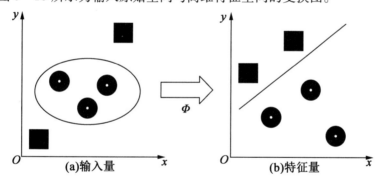

图 8-10　输入原始空间与高维特征空间的变换图

因此，SVM 在非线性分类问题的处理中，相比于线性分类问题只是多了一个非线性映射的步骤。但是由于加入了非线性映射的步骤，而非线性映射很复杂，会导致最优值的求解很困难。针对这一问题，通过采用适当的核函数就可以在非线性变换后，既不增加运算的复杂性又可以得到其线性分类的结果。SVM 算法会随着所采用的核函数的变化而不同。目前常用的几种核函数如下。

（1）线性核函数，表达式为

$$K(x,x_i) = (x \cdot x_i) \qquad (8-119)$$

采用线性核函数得出的是样本空间的超平面。

（2）多项式核函数，表达式为

$$K(x,x_i) = \left[(x \cdot x_i) + 1 \right]^d \qquad (8-120)$$

采用多项式核函数所得到的 SVM 是 d 阶多项式分类器。

（3）Sigmoid 核函数，表达式为

$$K(x,x_i) = \tanh(k(x \cdot x_i) + c) \qquad (8-121)$$

采用 Sigmoid 核函数会得到一个多层感知机的神经网络。

（4）径向基核函数（RBF），表达式为

$$K(x,x_i) = \exp\left\{ -\frac{|x - x_i|^2}{\sigma^2} \right\} \qquad (8-122)$$

采用 RBF 得到的是一种径向基函数分类器，与传统的径向基函数方法不同，这种方法中每一个基函数的中心都对应着一个支持向量，SVM 可以自动确定输出权值和中心点，网络结构参数不需要人工设定。

8.5.4　二叉树 SVM 分类法

二叉树是一种由根节点和叶子节点构成的特殊的数据结构。基于二叉树的训练过程就是从根节点开始的，首先通过原始样本训练分类器，将全部类别分离成两个子类，然后循环划分每一个子类，使得每一个节点最后都只有一个类别。由于不同的分类机制会产生不同的二叉树结构，而二叉树结构会对整个模型产生重要影响，因此构建合理的二叉树结构对于 SVW 至关重要。偏二叉树和完全二叉树是二叉树模型中两种特殊的结构形式。偏二叉树结构和完全二叉树结构的训练过程都是从根节点开始的，不同的是偏二叉树结构在每一个节点上只将一种类别与其他类别区分开，而完全二叉树结构则将每一个包含多种类别的节点上的类别均分成两个子类。对于类问题，二叉树分类法需要构造分类器。二叉树分类法的测试过程也是从根节点开始的，包括计算决策函数、循环到叶子节点、逐层判断直到分出最后的所属类别。图 8-11 所示为二叉树的两种特殊结构。

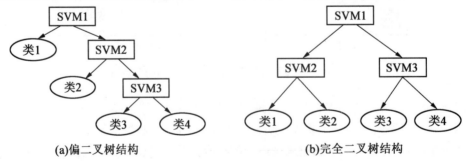

(a)偏二叉树结构　　　　　　　　　　(b)完全二叉树结构

图 8-11　二叉树的两种特殊结构

二叉树 SVM 分类法解决了"一对多"SVM 分类法和"一对一"SVM 分类法存在的分类盲区问题，训练分类器时所需的训练样本较少，训练时间较短，由于分类时不需要遍历所有的子分类器,因此具有较高的分类速度。但是二叉树的层次结构对于支持向量机分类有很大的影响,完全二叉树结构无论训练时间还是分类速度都要优于偏二叉树,其他结构的性能则处在两者之间,并且二叉树的分类结构存在误差累积问题。因此,确定一个合适的二叉树层次结构对于二叉树支持向量机来说至关重要。

8.5.5　二叉树 SVM 的层次设计

根据前一节介绍的多类分类器内容可以看出,无论是训练速度还是分类速度、分类精度,基于二叉树的 SVM 分类器都具有明显的优势,但是该分类器同时也非常依赖于二叉树的层次结构。当类别数 K 满足 $K = 2^e$ 时,才具有完全二叉树结构,而本书要将语义分为三类,不满足公式要求,因此如何设计层次结构,使得二叉树的结构近似于完全二叉树,成为本书的重点研究内容。

为了使分类器的性能更好,本书采用分层聚类的思想来构造一个近似完全二叉树的结构。基本思想就是通过比较类与类之间的最小欧氏距离找出两个相近的类别,将其聚合成一个新类别,然后不断循环这一过程直到只剩下一个新集合类。这样得到的结构大致上都是一棵近似完全二叉树。

对于训练过程,其与传统二叉树结构训练相反,首先是从叶子节点开始,即从原始样本中,通过类间欧氏距离测度寻找两个最难以区分的样本训练 SVM 分类器,然后将这两类合并成一个新的样本集,接着在剩余的类中找出与新类别类间距离测度最小的样本,训练 SVM 分类器,再将它们合并,如此循环直至形成根节点。而分类过程则与训练过程相反,是从根节点开始,循环到叶子节点,逐层判断直到分出最后的所属类别。图8-12所示就是基于分层聚类思想的二叉树层次设计的训练过程。

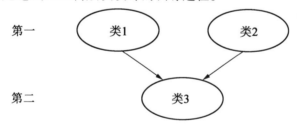

图 8-12　二叉树层次设计的训练过程

8.6　线缆典型缺陷图像识别算法研究

通过缺陷识别与检测算法获得缺陷目标图像后,还需要进行缺陷的自动分类,这是一个模式识别的过程。模式分类中,图像数据信息是像素维度,其过高的数据维度及过大的数据量不仅会大大增加计算量,而且由于存在大量的数据冗余和相关性,因此反而会影响模式分类的效果。图像的特征提取是通过空间映射的方法,将高维度的特征空间投影到低维度的特征空间以达到数据降维的目的。特征提取和特征选择是模式识别中的关键环节,它直接决定了模式分类器是否能够获得好的分类效果。特征提取和特征选择的基本任务是,找出一组特征组成特征向量,特征向量能够在降低原始数据维度的同时,获得好的区分效果。

从理论上来说,每种特定缺陷类型图像的特征都是唯一的。但是在特征提取和选择过程中,很难用特征描述子精确地描述这种原始特征。降维的过程肯定存在原始信息的损失,从目前的研究情况来看,很难通过某一理论,精确地判断应该选取什么样的特征既能够降低数据维度,又能够更好地保持原始信息。通常的做法是,根据图像的具体情况,列出足够多的特征类型,然后通过 PCA 等数据分析算法,对初选特征进行筛选。以获得最佳的特征向量组合。

8.6.1　典型缺陷特征提取

从理论上来说,每种特定缺陷类型图像的特征都是唯一的。但是在特征提取和选择过程中,很难用特征描述子精确地描述这种原始特征。降维的过程肯定存在原始信息的损失,从目前的研究情况来看,很难通过某一理论,精确的判断应该选取什么样的特征既能够降低数据维度,又能够更好地保持原始信息。通常的做法是,根据图像的具体情况,列出足够多的特征类型,然后通过主成分分析等数据分析算法,对初选特征进行筛选,以获得最佳的特征向量组合。

8.6.2　典型缺陷特征选择

在完成缺陷图像提取之后,线缆图像中的缺陷区域被完整地分割出来。相对于原图像来说,分割后的缺陷图像在数据量上已经有了很大的降低。但对于分类器而言,数据量依然过大,因此需要进行特征提取。然而,没有明确的方法指明应该提取哪些特征。通常情况下,会选取一些具有代表性的特征,然后再做进一步的数据降维。比较常用的特征包括纹理特征、灰度特征、投影特征和几何特征。因为提取的缺陷在几何形态上往往具有不确定性,同一种类型的特征也许在几何形态上差异较大,所以本研究选取一系列投影特征、灰度特征和纹理特征作为初始特征。

8.6.3　多类分类器的构造

在线缆缺陷图像分类应用中,有多种典型的缺陷类型,而 SVM 是一种二分类的分类器。因此,如何通过二分类的 SVM 构造有效的多类分类器,是一个需要解决的问题。在构造多类分类器的研究中,大概可以分为两个方向。一些人的做法是通过多个二分类的分类器来构造多类分类器;另外一些人则提出了构造全局优化分类器的方法,既一次性考虑所有类别,从而找到全局最优解。相对于二分类问题,多类分类问题无疑具有更大的计算规模。对于实时性系统来说,如果输入规模较大,那么多类分类器本身的性能将影响到整个系统的性能。因此,在线缆缺陷图像分类过程中,选择合适的方法构造多类分类器至关重要。对比全局最优解方法和两类分类器组合构造方法的优缺点,并将其作为选择的依据。

通过两类分类器构造多类分类器的方法大致有三种：一对多方法、一对一方法和有向无环图（DAGSVM）方法。

最早被提出的基于两类分类器构造多类分类器的方法被称为一对多方法。若样本共有 k 个类型，那么一共构造 k 个 SVM 模型。在训练第 i 个模型时，将第 i 个类型作为一类，其他所有类型单独作为一类。从而能够得到 l 份数据 $(x_1, y_1), (x_2, y_2), \cdots, (x_l, y_l)$，其中 $x_i \in \mathbf{R}^n, i = 1, 2, \cdots, l$ 且 $y_i \in \{1, 2, \cdots, l\}$ 表示 x_i 的类型。第 i 个 SVM 模型可通过以下方法求得

$$\min_{\boldsymbol{\omega}^i, b^i, \xi^i} \frac{1}{2} (\boldsymbol{\omega}^i)^{\mathrm{T}} \boldsymbol{\omega}^i + C \sum_{j=1}^{l} \xi_j^i$$
$$(\boldsymbol{\omega}^i)^{\mathrm{T}} \varphi(x_j) + b^i \geq 1 - \xi_j^i, \quad y_j = 1$$
$$(\boldsymbol{\omega}^i)^{\mathrm{T}} \varphi(x_j) + b^i \leq -1 + \xi_j^i, \quad y_j \neq 1$$
$$\xi_j^i \geq 0, \quad j = 1, 2, \cdots, l \tag{8-123}$$

其中训练 x_i 通过核函数 Φ 和惩罚因子 C 映射到高维空间。

最小化 $\frac{1}{2} (\boldsymbol{\omega}^i)^{\mathrm{T}} \boldsymbol{\omega}^i$ 是为了使 $\frac{2}{\|\boldsymbol{\omega}^i\|}$ 最大化，它描述了数据集与分类超平面的几何间隔。

如果数据集线性不可分，那么惩罚项 $C \sum_{j=1}^{l} \xi_j^i$ 可以尽可能地抑制噪声的影响。

经过以上计算能够得到 k 个决策函数，即

$$(\boldsymbol{\omega}^1)^{\mathrm{T}} \varphi(x) + b^1$$
$$\vdots \tag{8-124}$$
$$(\boldsymbol{\omega}^k)^{\mathrm{T}} \varphi(x) + b^k$$

对于未知样本 x，将 x 代入各个决策函数中，在哪个决策函数中获得最大值，就判定 x 属于哪一个类型：

$$x \equiv \mathrm{argmax}_{i=1,2,\cdots,k}((\boldsymbol{\omega}^i)^{\mathrm{T}} \varphi(x) + b^i) \tag{8-125}$$

另外一种主要的多类分类器实现方法被称为一对一方法，这种方法构造 $k(k-1)/2$ 个分类器，每个分类器的训练集分别来自样本集的两个类型数据。对于第 i 个类型和第 j 个类型的训练集，构造以下二次规划方程：

$$\min_{\boldsymbol{\omega}^{ij}, b^{ij}, \xi^{ij}} \frac{1}{2} (\boldsymbol{\omega}^{ij})^{\mathrm{T}} \boldsymbol{\omega}^{ij} + C \sum_{t} \xi_t^{ij}$$
$$(\boldsymbol{\omega}^{ij})^{\mathrm{T}} \varphi(x_t) + b^{ij} \geq 1 - \xi_t^{ij}, \quad y_t = i$$
$$(\boldsymbol{\omega}^{ij})^{\mathrm{T}} \varphi(x_t) + b^i \leq -1 + \xi_t^{ij}, \quad y_t = 1$$
$$\xi_t^{ij} \geq 0 \tag{8-126}$$

在完成 $k(k-1)/2$ 个分类器的训练后，对于未知数据 x 的判别有多种不同的方法。比较常用的方法是投票法。如果决策函数 $(\boldsymbol{\omega}^{ij})^{\mathrm{T}} \varphi(x_t) + b^{ij}$ 显示是属于第 i 类的，那么在第 x 类中的票数加一。在所有决策函数给出判别结果之后，选取获得票数最多的类型作为对 x 的判别结果。若在两种类型中获得了相同的票数，那么选取具有较小编号的类型作为判别结果。

第三种构造方法被称为有向无环图方法。在训练阶段，其过与同一对一方法一致。

但是在判别阶段则采用另外一种策略。首先构造一棵拥有 $k(k-1)/2$ 个内部节点和 k 个叶子节点的二叉有向无环图。每一个节点都是一个基于第 i 类和第 j 类样本的两类分类器。给定测试样本 x,从根节点开始,两类分类器做出判决,根据判决输出结果,决定过程向左子树或者右子树移动,在到达叶子节点之前重复上述过程。当最终到达叶子节点时,获得输出结果。

以上是通过多个两类分类器构造多类分类器的主要实现方法。对于多类分类器的构造,还有另外一大类方法,也就是一次性考虑所有样本集,求解一个多目标函数的优化问题,最终一次性获得多个最优分类超平面。多个最优分类超平面将线性空间划分为不同的区域,每个区域表示一种类型。但是,在求解多个最优超平面的过程中,一次性考虑所有的样本数据,计算量过于庞大,目前还没有很好的实用价值。由于此方法推导过程比较复杂,篇幅所限,因此在此不做详细介绍。基于上述讨论,结合对线缆典型缺陷分类实际需求和系统要求的考量,最终通过一对一的方法构造线缆典型缺陷分类器。

8.6.4　分类器参数选择

8.6.3 节描述了两类分类器的构造过程,即在训练阶段构造 $k(k-1)/2$ 个 SVM 模型,然后在测试阶段,根据投票法则最终得出判别结果。那么,由于训练阶段数据集往往存在线性不可分和存在噪声样本的问题,从而影响了最优超平面的求解。SVM 引入了核函数及惩罚因子。通过核函数,将线性不可分的特征向量映射到高维空间,从而能够找到有效的最优超平面;通过惩罚因子,最大限度地降低了噪声样本对超平面最优化的影响。然而在实际应用中,核函数的选择及惩罚因子的选择很大程度上影响分类器的判别准确率。因此,需要通过有效的方法确定核函数及惩罚因子。

常用的核函数类型包括线性核、高斯核、多项式核等。目前在构造分类器时选择什么样的核函数并没有一致的检测工艺,大多数实际应用中都选取高斯核函数,并取得了不错的效果。因此本节也选用高斯核函数作为构造分类器的核函数。高斯核函数的形式如下:

$$K(\boldsymbol{x}_i,\boldsymbol{x}_j) = \exp(-\gamma\|\boldsymbol{x}_i - \boldsymbol{x}_j\|^{\mathrm{T}}), \quad \gamma > 0 \qquad (8-127)$$

当 γ 确定时,高斯核函数唯一确定。

为了构造最佳分类器,必须找到相应的最优高斯核函数和惩罚因子 C,也即通过确定最佳 (C,γ),使得分类器能够更好地预测未知数据。为了确定最优参数,通常将样本集分成两个部分,其中一部分作为未知样本进行测试。这是因为,从未知样本获得的准确率可以更好地反映分类器对于独立数据判决的有效性,这种方法被称为交叉验证。

交叉验证的形式有很多,本节采用 v - fold 方法。首先将样本集分割成同等大小的 v 个子集,以便在一定范围内取值构造分类器,然后将每一个子集作为测试用例,对用剩下的 $v-1$ 个子集训练得到的分类器进行测试。因此分类器获得的分类准确率是对所有样本进行分类的准确率。然后取使得分类准确率最高的 (C,γ) 为最优参数。但不排除存在多组 (C,γ) 使得分类准确率最高的情况,这时取其中 C 最小的参数组合。如果对应最小 C 有多个 γ 满足要求,那么选取搜索到的第一组参数。这是因为 C 表征分类器的置信范围,过大的 C 会导致过学习状态,也就是对训练集分类准确率很高而对测试集分类准确率却很低,所以同样满足分类准确率最高条件的参数组合,应选择 C 尽量小的那一组,识别结果如图 8 - 13 所示。

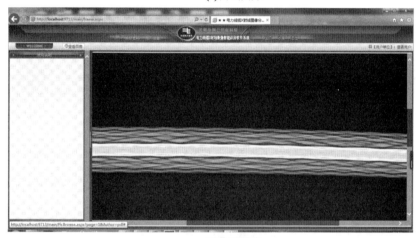

(a)测试图库

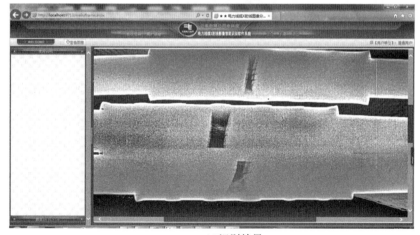

(b)检测图像

(c)识别结果

图 8 - 13　识别结果查看

本章的研究对象为电力系统的线缆图像,结合了计算机图像处理技术和 SVM,设计了基于图像数字化处理的线缆缺陷检测系统。本章对系统检测的原理、方案设计、数学模型、算法实现等几个方面做了深入的分析和研究。本章将对所完成的工作做出总结,对存在的问题和发展趋势进行展望。

本章主要完成的工作如下。

(1)提出基于图像数字化处理的线缆缺陷检测系统的方案,正确选用系统的硬件组成,设计软件流程等。

(2)实现了线缆图像预处理、图像分割、特征参数提取,并给出了相应算法的数学模型。

(3)深入研究了 SVM 的原理和数学模型,建立了缺陷样本数据,完成了基于 SVM 的线缆缺陷分类器的设计。实验结果表明,本章设计的线缆缺陷分类器识别准确率满足系统需要,能够有效识别缺陷类型。

基于图像数字化处理的线缆缺陷检测具有自动化、智能化、操作简捷化的优点,其充分发挥了计算机在当今工业中人工智能的作用,并且具备良好的可移植性,模式识别适合应用到更广泛的行业中。

第9章　脉冲 X 射线数字成像技术的应用

电力电缆是电力传输的基础部分,在电力传输中承担了重要的作用,所以传输介质的安全稳定是保证电力传输安全高效的保障。传统的电力电缆故障检测方式有脉冲电压取样法、电阻电桥法、低压脉冲反射法、脉冲电流取样法和二次脉冲法等;电缆故障的定点方法有声音判别法、声磁同步法、音频感应法等。目前对电力电缆故障进行检测的方法主要有耳听判断法、高频感应检测法及红外线检测法。在这 3 种方法中,红外线检测法的效果最为理想,但是也无法精准地对电力电缆发生缺损的部位及具体的缺损情况进行直观检测。

刘荣海等人应用小型的 X 射线机等技术对传输电缆进行检测实验,在实验中,通过对模拟破坏的电力电缆使用 X 射线机进行照射,得到电力电缆的图片,通过分析图片,验证了该方案的可行性。随着越来越多的新型探测器的出现,X 摄像数字成像技术得到了快速的发展,在医学、航天、安检等方面成为主流的检测手段,是当今最为可靠的无损检测方式之一。

数字平板直接成像装置(Digital Radiography,DR),是一种 X 射线实时成像装置,可以实现在不拆卸设备,不破坏环境,甚至是不停电的情况下对电力设备进行检测,DR 是近几年才发展起来的全新的数字化成像技术,其原理如图 9 – 1 所示。

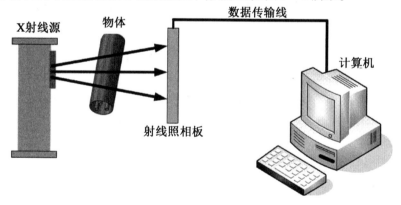

图 9 – 1　DR 原理

目前,DR 中的 X 射线源多采用连续发射源。这种连续发射源的优点是功率大,射线能量高,穿透能力强。缺点是体积大、笨重、不利于现场布置且辐射大。

9.1　脉冲成像技术在电力系统 GIS 故障检测中的应用

　　气体绝缘开关设备(GIS)现在已成为电力系统广泛使用的主要产品。GIS 的运行状态对于电力系统非常重要,一旦电力系统发生故障就会导致不可避免的后果或巨大的损失。对 GIS 的传统检测方式是使用超声波技术,通过局部放电检测。由于此方法是通过检测 GIS 内部放电信号的方法来进行故障判断的,因此要求检测人员具有一定经验,这样才能提高检测的效率。但是数字平板直接成像装置(DR)具有成像直观,携带方便等超声波局部放电检测技术所不具有的优点,因此在 GIS 检测中具有很大的优势。

　　随着人们研究的慢慢深入,X 射线成像技术在过去的几十年中得到了飞速的发展,成为人们生活中非常有效的工具。Cai Xiaolan 等人研究了 DR 检测技术在电力系统 GIS 故障检测中的应用,并提出了 X 射线数字实时成像技术用于 GIS 设备的检测。在不拆卸设备和不带电的情况下,可以通过 X 射线数字实时成像技术解决设备的内部缺陷。此外,该检测技术是对局部放电检测方法的补充和完善,同时也为电网设备的状态维护和辅助决策提供了基础。

　　Wu Zhangqin 等人研究了 GIS 的 X 射线数字成像检测及基于 X 射线数字成像技术的 GIS 尺寸标定。在研究中,针对 X 射线数字成像技术采集到的内部结构尺寸并非实际尺寸的缺陷,分别研究了系统内含标尺和不含标尺两种情况。

9.2　330 kV 母线导电杆脱落故障检测

　　GIS 设备母线内部支持台和母线筒通过螺栓连接。由于母线筒暴露在外部环境中,因此它的温度受外界环境影响较大。同时一旦受到振动、热胀冷缩等不利因素的影响,母线导体往往会因安装不当而发生移动,导致导体的接触头脱离正常的接触位置,因此盆式绝缘子静触头触指与导体动触头接触面积变小,在长期工作的状态下产生热量,从而造成不可估量的后果。

　　采用 X 射线数字成像技术分析母线导体在空隙分支处周围的限位钉的位置,可以很好地避免这类状况的发生。

9.3　330 kV 隔离开关故障检测

　　为了排除其他因素的影响,如隔离开关接触不牢固,导致在工作时出现纰漏。触头插入深度在安装过程中只能依靠设计要求,通过外部传动机构的调整进行。制造、现场安装等过程均会产生误差,从而影响触头实际插入深度,如果触头插入深度过浅,在运行时会产生发热情况,导致触头损坏,因此需要对 330 kV 隔离开关触头部位使用 X 射线成像技术进行必要的检测和故障排查。

通过 X 射线采集影像,可以对隔离开关的插入深度进行直观的观察。通过现象分析问题,保证设备正常运行。

9.4　瓷柱式断路器检测

瓷柱式断路器的绝缘拉杆与连板连接销卡簧在工作时极易发生脱落,因此需要在不断电的情况下,对该部位进行检测,由于瓷柱式断路器安装位置较高,一旦发生事故,维修困难,因此在安装时就应该对其进行检查。

同时,在进行检测时,由于待检测物体的安装位置的差别,因此检查的效果不是很好,所以需要选择最佳的透照角度、部位,这是采用 X 射线数字成像技术检测复杂设备的前提。

国外对连续 X 射线源的研究主要集中在图像处理和新材料研发方面,国内对脉冲 X 射线源的研究主要集中在测量不确定度的分析上,如丛培天等人针对"强光一号"短脉冲高能 X 射线的测量,定量地给出了各种因素引入的测量不确定度;吕敏等人研究了脉冲 X 射线束测量中的统计起伏问题。国外对脉冲 X 射线源的研究工作较少,且主要集中在实验室的研究上。

脉冲 X 射线源是一种发射周期性短时脉冲射线的仪器,其具有体积小、轻便、辐射小、可充电的特点,非常适用于特殊环境(如高空、狭小空间)下设备的现场检测。

参 考 文 献

[1] 高上凯. 医学成像系统[M]. 北京：清华大学出版社，2000.

[2] 闫斌. 电气设备 X 射线数字成像检测与诊断[M]. 北京：中国电力出版社，2015.

[3] 强天鹏. 射线检测[M]. 2 版. 北京：中国劳动社会保障出版社，2007.

[4] 石磊. 探伤用射线防护技术[M]. 北京：机械工业出版社，1990.

[5] 王华. X 射线数字成像系统及其应用[J]. 计测技术，2005，25(6)：5-8.

[6] 杨凯. 常规 X 线图像数字化成像技术 CR 与 DR 的比较[J]. 中国临床医学影像杂志，2003，14(3)：219-220.

[7] 张丽平，黄廉卿. 工业 X 射线照相技术的应用与展望[J]. 光机电信息，2005，(1)：24-28.

[8] 苟量，王绪本，曹辉. X 射线成像技术的发展现状和趋势[J]. 成都理工学院学报，2002，29(2)：227-231.

[9] 张君杰. X 光图像实时处理采集系统的研制[D]. 南京：南京理工大学，2004.

[10] 韩跃平. X 射线视觉自动检测技术及应用[M]. 北京：国防工业出版社，2012.

[11] 中国机械工程学会无损检测分会. 射线检测[M]. 3 版. 北京：机械工业出版社，2004.

[12] HAN Y P, HAN Y, LI R H, et al. Development of an advanced X-ray detector for inspecting inner microscopic structural details in industrial applications[J]. Nuclear Instruments and Methods in Physics Research Section A：Accelerators，Spectrometers，Detectors and Associated Equipment，2009，600(2)：440-444.

[13] 宋天民. 射线检测[M]. 北京：中国石化出版社，2011.

[14] 郑世才. 射线检测[M]. 北京：机械工业出版社，2004.

[15] 李家伟，陈积懋. 无损检测手册[M]. 北京：机械工业出版社，2002.

[16] 孙万玲. X 射线检测问答[M]. 北京：国防工业出版社，1984.

[17] 张俊哲. 无损检测技术及其应用[M]. 2 版. 北京：科学出版社，2010.

[18] 华菊金. 电缆故障无损检测系统设计[D]. 太原：中北大学，2006.

[19] 赵忠贤，张国福. 电厂蒸汽管开裂失效原因分析[J]. 河北科技大学学报，2007，28(1)：29-33.

[20] 孙启飞. 电缆检测技术的应用及提高[J]. 低压电器，2010(1)：49-53.

[21] 伏圣群. 行波反射法电缆故障检测关键技术研究[D]. 哈尔滨：哈尔滨理工大学，2014.

[22] 闫文斌，王达达，李卫国，等. X 射线对复合绝缘子内部缺陷的透照检测和诊断[J]. 高压电器，2012，48(10)：58-66.

［23］ 闫斌，何喜梅，吴童生，等. GIS 设备 X 射线可视化检测技术［J］. 中国电力，2010，43（7）：44－47.

［24］ 于虹，刘荣海，吴章勤，等. 一种现场 X 射线的防护方法及其防护装置：201110310293 X［P］. 2012－10－03.

［25］ 吴章勤，刘荣海，艾川，等. 基于 X 射线数字成像技术的 GIS 尺寸标定［J］. 无损检测，2013，35（2）：46－48.

［26］ 吴章勤，魏杰，况华，等. GIS 的 X 射线数字成像检测［J］. 无损检测，2013，35（1）：11－12.

［27］ 艾维平. DXR250RT 平板探测器 X 射线实时成像检测系统的研究［D］. 兰州：兰州理工大学，2007.

［28］ 段发强. 电力电缆故障分析及探测技术研究［J］. 中小企业管理与科技，2009（31）：167－168.

［29］ 高阔，于虹，郭铁桥. 射线数字成像（DR）技术在电力工业检测中的应用［J］. 无损检测，2013，35（11）：76－78.

［30］ 王达达，魏杰，于虹，等. X 射线数字成像技术对 GIS 设备典型缺陷的可视化无损检测［C］// 云南电力技术论坛论文集. 云南：云南科技出版社，2011：49－55.

［31］ 罗俊华，邱毓昌，杨黎明. 10kV 及以上电力电缆运行故障统计分析［J］. 高电压技术，2003，29（6）：14－16.

［32］ 李凤梅. 电力电缆故障的预防措施［J］. 供用电，2006，23（6）：43－44.

［33］ 陆锋. 电力电缆故障的诊断及防范［J］. 供用电，2006，23（6）：45－48.

［34］ 张子正. 电力电缆故障分析与运行维护［J］. 科技风，2012（11）：150.

［35］ 李伟. 高分辨率 X 射线数字化成像技术研究［D］. 西安：中国科学院研究生院（西安光学精密机械研究所），2009.

［36］ 冯建辉，杨玉静. 基于灰度共生矩阵提取纹理特征图像的研究［J］. 北京测绘，2007（3）：19－22.

［37］ 余丽萍，黎明，杨小芹，等. 基于灰度共生矩阵的断口图像识别［J］. 计算机仿真，2010，27（4）：224－227.

［38］ 徐琪. 一种新的纹理描述方法及其应用：多尺度斑块特征法［D］. 上海：复旦大学，2011.

［39］ 吕晓琪，郭金鸽，赵宇红，等. 基于图像分割的 Tamura 纹理特征算法的研究与实现［J］. 中国组织工程研究，2012，16（17）：3160－3163.

［40］ 王李冬，魏宝刚，孙亚萍，等. 基于颜色－纹理自相关算法的内镜图像检索［J］. 电路与系统学报，2011，16（2）：46－50.

［41］ 郝玉保，王仁礼，马军，等. 改进 Tamura 纹理特征的图像检索方法［J］. 测绘科学，2010，35（4）：136－138，176.

［42］ 郑冰. 面向肺部 CT 影像表征的多层语义检索［D］. 哈尔滨：哈尔滨工程大学，2013.

［43］ 曾奇森. 基于内容的图像检索相关技术研究［D］. 南京：南京理工大学，2007.

［44］ 胡洁. 高维数据特征降维研究综述［J］. 计算机应用研究, 2008, 25(9): 2601 – 2606.

［45］ SCHUTZE H, HULL D A, PEDERSEN J O. A comparison of classifiers and document representations for the routing problem［C］//Proceedings of the 18th annual international ACM SIGIR conference on Research and Development in Information Retrieval. July 9 – 13, 1995. Seattle, Washington, USA. ACM, 1995: 229 – 237.

［46］ ZHANG L M, QIAO L S, CHEN S C. Graph – optimized locality preserving projections［J］. Pattern Recognition, 2010, 43(6): 1993 – 2002.

［47］ BELKIN M, NIYOGI P. Laplacian eigenmaps for dimensionality reduction and data representation［J］. Neural Computation, 2003, 15(6): 1373 – 1396.

［48］ LU K, HE X F. Image retrieval based on incremental subspace learning［J］. Pattern Recognition, 2005, 38(11): 2047 – 2054.

［49］ TURK M, PENTLAND A. Eigenfaces for recognition［J］. Journal of Cognitive Neuroscience, 1991, 3(1): 71 – 86.

［50］ ROWEIS S T, SAUL L K. Nonlinear dimensionality reduction by locally linear embedding［J］. Science, 2000, 290(5500): 2323 – 2326.

［51］ WANG F, ZHANG C S. Label propagation through linear neighborhoods［J］. IEEE Transactions on Knowledge and Data Engineering, 2008, 20(1): 55 – 67.

［52］ 付贵, 周维超, 李治. 高压电缆接头 X 射线数字化检测技术［J］. 农村电气化, 2018(8): 21 – 24.

［53］ 刘荣海, 马朋飞, 史腾飞, 等. 电缆 X 射线检测设备小型化研究［J］. 河北工业科技, 2016, 33(5): 379 – 384.

［54］ CAI X L, WANG D D, YU H, et al. The application of X – ray digital real – time imaging technology in GIS defect diagnosis［J］. Procedia Engineering, 2011, 23: 137 – 143.

［55］ 丛培天, 陈伟, 韩娟娟, 等. 脉冲 X 射线剂量率测量不确定度分析［J］. 强激光与粒子束, 2010, 22(11): 2773 – 2777.

［56］ 吕敏. 脉冲射线束探测技术［J］. 核电子学与探测技术, 1984, 4(6): 321 – 328.